第二次全国农业污染源普查系列丛书

“互联网+”在农业污染源普查中的应用与创新

农业农村部农业生态与资源保护总站 编著

中国农业出版社
北 京

图书在版编目（CIP）数据

“互联网+”在农业污染源普查中的应用与创新 / 农业农村部农业生态与资源保护总站编著. —北京：中国农业出版社，2022.3
（第二次全国农业污染源普查系列丛书）
ISBN 978-7-109-29334-2

Ⅰ. ①互… Ⅱ. ①农… Ⅲ. ①互联网络－应用－农业污染源－污染源调查－研究－中国 Ⅳ. ①X508.2

中国版本图书馆CIP数据核字(2022)第067250号

中国农业出版社出版
地址：北京市朝阳区麦子店街18号楼
邮编：100125
责任编辑：郑　君　杨　春　　文字编辑：杨　春
版式设计：王　晨　　责任校对：沙凯霖
印刷：北京中科印刷有限公司
版次：2022年3月第1版
印次：2022年3月北京第1次印刷
发行：新华书店北京发行所
开本：787mm × 1092mm　1/16
印张：11.75
字数：290千字
定价：98.00元

第二次全国农业污染源普查系列丛书

编委会

《“互联网+”在农业污染源普查中的应用与创新》

编委会

主　编： 闫　成　居学海　习　斌　黄宏坤　郑向群

副主编： 段青红　贾　涛　许丹丹　于　强　李欣欣

参　编（按姓氏笔画排序）：

王　飞	王亚静	王洪媛	文北若	尹建锋
尹福斌	丛旭日	师荣光	刘　勤	刘宏斌
米长虹	汤怀玉	孙仁华	孙建鸿	杜新忠
李军幸	李佳佳	李垚奎	李绪兴	李朝婷
杨　波	杨午腾	吴泽嬴	张　驰	张　健
张宏斌	张宝才	张春雪	张贵龙	陈沛圳
陈宝雄	武淑霞	罗建波	郑向群	郑宏艳
宝　哲	倪润祥	徐　艳	郭树芳	黄　瑛
崔福东	梁军峰	彭乘风	焦明会	鲁天宇
靳　拓	雷秋良	翟丽梅	潘君廷	魏　莎

前　言 FOREWORD

《“互联网+”在农业污染源普查中的应用与创新》

污染源普查是十年一次重要的国情调查，农业污染源普查是全国污染源普查的重要内容之一，是农业资源环境的基础性工作。做好农业污染源普查，对于全面掌握我国农业面源污染现状、准确判断我国当前农业环境形势、推进农业生产方式转变具有重要作用。

第二次全国农业污染源普查涉及种植业、畜禽养殖业、水产养殖业、秸秆、地膜等诸多方面，污染来源面广，普查工作量大、技术难度大。按照“全国统一领导、部门分工协作、地方分级负责、各方共同参与”的原则，各级农业农村部门圆满地完成了农业污染源普查任务，获得大量翔实的普查数据。普查共计完成了30.2万个典型田块、6.8万个畜禽养殖户、2.9万个水产养殖单位的抽样调查，260个县的地膜使用和残留情况调查，120个县的秸秆产生和利用调查。

本次普查中通过搭建数据信息化平台，将“互联网+”信息技术与农业污染源普查工作深入结合，实现了全国范围内统一采集、统一填报、统一管理，建立了“国家—省—市—县—两员”农业污染源普查数据采集五级应用服务系统，有力地支撑了普查工作的进行。

本书详细介绍了农业污染源普查信息化平台构建，在分析普查业务流程及管理诉求的基础上，对平台总体建设思路、信息资源规划与数据库建设、普查数据质量控制、普查系统用户体系、普查审批工作流、移动端数据填报等内容进行重点介绍和深度剖析，以期为普查类信息化平台构建提供可以落地的参考借鉴。

值得一提的是，基于“云+端”的农业污染源普查工作模式，以智能设备为核心，将“人员—设备—岗位—任务”统一管理，实现内外一体化的调查、质控和督导工作协同，保证了数据的准确性和合理性，减少基层普查人员工作量，提高数据采集和处理的效率；通过建立重点污染源档案及信息数据库，形成了“一套数”“一张图”“一套核算方法”，可为加强农业污染源监管、改善环境质量、防控环境风险、服务环境与发展综合决策提供依据，也可为今后开展类似普查工作提供借鉴。

目　录 CONTENTS

《“互联网+”在农业污染源普查中的应用与创新》

1 概 述

1.1 普查背景

2016年10月，国务院印发《关于开展第二次全国污染源普查的通知》（以下简称《通知》），成立了第二次全国污染源普查领导小组（以下简称普查领导小组），由国务院副总理任组长，国务院副秘书长、环境保护部部长（现生态环境部）、国家统计局局长任副组长，农业部为成员单位之一。普查领导小组办公室设在环境保护部，牵头会同各有关部门组织开展全国污染源普查工作，普查的标准时点为2017年12月31日，时期资料为2017年度。根据《第二次全国污染源普查部门分工》，农业部负责组织开展种植业、畜禽养殖业、水产养殖业活动水平情况调查；配合做好污染源普查相关成果的分析、应用；提供农业机械和渔船与污染核算相关的数据。

1.1.1 工作背景

为全面统筹推进全国农业污染源普查工作，农业部成立第二次全国农业污染源普查推进工作组（以下简称推进组），推进组办公室设在科技教育司，各级地方农业农村行政主管部门成立相应的农业污染源普查机构和办公室，按照农业污染源普查方案的统一规定和要求，组织和协调本辖区的农业污染源普查工作。

农业污染源普查是摸清农业污染底数最直接、最有效的途径，是做好农业环境管理的重要基础。通过此次普查，全面了解和掌握不同农业源污染物的区域分布、污染类型、产生量、排放量及其去向，为农业环境污染防治提供决策依据。

定期开展全国污染源普查，是《全国污染源普查条例》的法定要求。为全面贯彻习近平生态文明思想，打好污染防治攻坚战，党中央、国务院决定于2017年开展第二次全国污染源普查。第二次全国污染源普查是在全面建成小康社会决胜阶段、坚决打好污染防治攻坚战的大背景下实施的一项系统工程。农业污染源普查是全国污染源普查的重要内容，是农业资源环境的基础性工作。做好农业污染源普查，有利于全面掌握我国农业面源污染现状，准确判断我国当前农业环境形势；有利于推动打好农业面源污染防治攻坚战的实施，推进农业生产方式转变，不断改善环境质量；有利于加快推进生态文明建设和农业绿色发展，补齐全面建成小康社会的生态环境短板，实现乡村振兴战略目标。

1.1.2 普查对象、范围和内容

（1）普查对象和范围。普查对象包括种植业污染源、畜禽养殖业污染源和水产养殖业污染源。种植业污染源主要针对粮食作物(包括谷类、豆类和薯类)、经济作物(包括棉花、麻类、桑类、油料、糖料、烟草、茶、花卉、药材、果树等)和蔬菜作物(包括根茎叶类、瓜果类、水生类)的主产区开展肥料、农药、地膜和秸秆污染普查。畜禽养殖业污染源以舍饲、半舍饲规模化养殖单元为对象，针对猪、奶牛、肉牛、蛋鸡和肉鸡等养殖过程中产生的畜禽粪便和污水开展普查。水产养殖业污染源以池塘养殖、网箱养殖、围栏养殖、工厂化养殖以及浅海筏式养殖、滩涂增养殖等有饲料、渔药、肥料等投入品的规模化养殖单元为对象，针对鱼、虾、贝、蟹等养殖过程中产生的污染开展普查。

（2）普查内容。

①种植业污染源。主要普查我国粮食作物、经济作物和蔬菜作物主产区在种植业生产过程中污染物的产生、流失情况。普查内容主要包括：

a.地块基本情况：包括地块面积、类型、坡度、种植方向、耕作方式、排水去向等。

b.肥料：主要针对肥料(包括化肥和有机肥)的施用和流失情况开展普查。其中，化肥包括氮肥、磷肥、钾肥、复合肥；有机肥包括商品有机肥、畜禽粪便等。普查内容包括肥料名称、有效成分及其含量、施用量、施用方法等。

c.农药：主要针对污染重、难降解、用量大、未禁用的农药(如毒死蜱、阿特拉津、氟虫腈、吡虫啉、克百威、2, 4-滴丁酯、涕灭威、丁草胺、乙草胺等，以下所指农药均相同)施用和流失情况开展普查。普查内容包括施药目的、农药名称、有效成分及其含量、施用量、施用方法等。

d.地膜：主要针对地膜残留污染开展普查。普查内容包括地膜使用量、回收状况等。

e.秸秆：主要针对粮食作物(谷类和豆类)和经济作物(棉花和油菜)生产过程中的秸秆及其去向开展普查。普查内容包括秸秆产生量、丢弃量、田间焚烧量、还田量、饲料利用量、燃料利用量、堆肥利用量、原料利用量等。

②畜禽养殖业污染源。主要普查猪、奶牛、肉牛、蛋鸡、肉鸡在规模养殖条件下污染物的产生、排放情况。普查内容主要包括：

a.畜禽养殖基本情况：包括饲养目的、畜禽种类、存栏量、出栏量、饲养阶段、各阶段存栏量、饲养周期等。

b.污染物产生和排放情况：包括污水产生量、清粪方式、粪便和污水处理利用方式、粪便和污水处理利用量、排放去向等。

③水产养殖业污染源。主要普查鱼、虾、贝、蟹等在规模养殖条件下污染物的产生情况。普查内容主要包括：

a.养殖基本情况：包括养殖品种、养殖模式、养殖水体、养殖类型、养殖面积/体积、投放量、产量、废水排放量及去向、水体交换情况、换水频率、换水比例等。

b.投入品使用情况：包括饲料名称、主要成分及含量、使用量，肥料名称、主要成分及含量、施用量、施用方法，渔药名称、主要成分及含量、施用量、施用方法等。

（3）普查污染物种类。

①种植业。包括以地表径流途径流失的硝态氮、铵态氮、总氮、总磷以及1～2种农药（各地可根据实际情况从上述农药中选择，以下同），或以地下淋溶途径流失的总氮、硝态氮、铵态氮以及1～2种农药。

②畜禽养殖业。污水情况包括化学需氧量、铵态氮、总氮、总磷、铜、锌、pH等；固体废物情况包括有机质、含水率、全氮、全磷、铜、锌等。

③水产养殖业。水产养殖过程中进入自然水体中的化学需氧量、总氮、总磷、铜、锌以及1～2种渔药等。

1.1.3 普查方法

（1）种植业污染源。

①普查对象分类。依据地块经营权属的不同，将种植业污染源普查对象分为分散农户和规模化农场两类。其中，分散农户的耕地、园地面积没有限制，规模化农场的耕地和园地总面积应在10 000亩*及以上（以下同）。对于耕地和园地总面积在10 000亩以下的农场按分散农户对待。

②普查规模。种植业污染源普查以乡镇或规模化农场为基本单位组织实施，以地块为基本单元抽样调查。凡隶属于中华人民共和国的所有乡镇和规模化农场均需进行普查，目的在于明确乡镇或农场耕地和园地的数量、类型、坡度、耕作方式、种植方向以及主要种植模式，为实地调查中的地块抽样提供指导。对于规模化农场，按照每2 000～5 000亩调查一个典型地块（或棚室），具体抽样数量可根据农场规模、种植模式等因素确定。对于耕地和园地总面积在10 000亩以下的小型农场按每1 000亩抽取一个典型地块开展调查。分散农户经营是当前我国种植业生产的主要形式。对于分散农户，一般有多个分散地块，可调查符合普查抽样要求且面积最大或最能代表其种植水平的地块或棚室。本次普查抽样比例为0.6%。每个典型地块进行基本情况、肥料施用情况和农药施用情况调查。

（2）畜禽养殖业污染源。

①普查对象分类。依据养殖组织模式的不同，将畜禽养殖业分为规模化养殖场、养殖小区和养殖专业户三类。规模化养殖场是指饲养数量达到一定规模的养殖场，其中：生猪＞500头（出栏）、奶牛＞100头（存栏）、肉牛＞200头（出栏）、蛋鸡＞20 000羽（存栏）、肉鸡＞50 000羽（出栏）。养殖小区是指在统一规划的区域内，由多个养殖业主共同组成、按照统一操作规程进行养殖、管理的养殖单元。养殖专业户是指畜禽饲养数量达到一定规模的养殖户，其中生猪>50头（出栏）、奶牛＞5头（存栏）、肉牛＞10头（出栏）、蛋鸡＞500羽（存栏）、肉鸡＞2 000羽（出栏）。

②普查规模。凡隶属于中华人民共和国、符合上述条件的规模化养殖场、养殖小区和养殖专业户均在本次普查范围内。普查每个规模化养殖场、养殖小区和养殖专业户畜禽养殖的基本情况和污染物产生、排放情况。

（3）水产养殖业污染源。

①普查对象分类。依据养殖规模和经营权属的不同，将水产养殖业分为规模化养殖

---

* 亩为非法定计量单位，1亩≈667平方米。

场和养殖专业户两类。规模化养殖场是指经有关部门批准的具有法人资格的水产养殖场；养殖专业户是指除规模化养殖场以外的水产养殖户或养殖单位。规模化养殖场全部进行普查，水产养殖专业户符合以下标准的进行普查：池塘养殖，养殖面积>5亩；工厂化养殖，养殖水体体积>1 500米^3；网箱养殖，养殖面积>100米^2；围栏养殖，养殖面积>2亩；浅海筏式养殖，养殖面积>10亩；滩涂增养殖，养殖面积>100亩。

②普查规模。凡隶属于中华人民共和国、符合上述条件的所有规模化水产养殖场和水产养殖专业户均在本次普查范围内。普查每个规模化养殖场或养殖专业户水产养殖基本情况和水产养殖投入品使用情况。

1.2 主要的困难与挑战

全国农业污染源普查需要半年内完成近38万家畜禽规模养殖场的入户调查和近3 000个涉农区县的种植、畜禽养殖和水产养殖生产基本情况调查表填报工作。此次普查范围广、普查内容多，在规定时间内高质量完成普查工作面临时间紧、任务重、难度大、参与机构多、要求高等困难，具体包括：

（1）**有效组织难**。对于大规模的全国农业污染源普查，常常会有众多的参与主体和工作人员：部省市县多级管理单位、专业科研院所、检测化验机构、一线调查员、企业等，第三方组织在调查中的工作占比逐年提高。如何将这些不同单位的人组织起来，实现责任到人，是调查工作的关键。

（2）**质量把控难**。我国幅员辽阔，地形地貌、种植模式都具有丰富的多样性，全国农业污染源普查又多需要根据当地的农时进行，一线的调查员常常冒着酷暑严寒，翻山越岭，野外调查非常艰苦。如何尽量减少现场调查的风险，是所有管理者都关心的问题。调查员待遇一般都比较低，各级财政经费比较紧张，提高补贴标准较为困难。普查需选调的"两员"人数庞大，调查员素质难以保证，部分人员年龄偏大、文化水平偏低、责任心不够强，甚至出现敷衍了事、不负责任的情况。大部分调查员是兼职，还有自己的本职工作，对他们而言，普查只是一项临时性的额外工作，人员精力很难集中。大多数调查员不是专业人员，对指标理解难免有所偏差。因普查对象记忆偏差或不愿配合造成部分信息不准确等，也对普查的数据质量控制提出挑战。

（3）**数据采集难**。传统的调查方式多为纸质表格的手工填报，之后输入EXCEL或计算机系统。纸质表手写不规范、人为错误较多，事后的数据整理和录入又工作量大且繁杂，因手工操作导致的错误率很高，数据质量难以保证。

（4）**管理督导难**。除了采集的难度外，管理的难度也不小。任务的上传下达、调查成果的逐级质检汇交多用会议、电话、人工的方式，易造成信息传递不及时。上级部门无法实时掌握普查工作的进展情况，难以统一安排督促工作落实。

1.3 互联网技术发展

传统的手工填表式普查模式已经不能高效满足普查工作需求，如何应用现代信息技术实现普查数据获取的信息化管理成为了普查的重要要求。“互联网+”是把互联网的创新成果与经济社会各个领域深度融合，推动技术进步、效率提升和组织变革，提升实体经济创新力和生产力，形成更广泛的以互联网为基础设施和创新要素的经济社会发展新形态。

随着互联网与智能终端等技术的发展和应用普及，改变传统调查模式，使得新一次的普查应用成为可能：通过公有云平台，完成对流程、管理问题的表单、图像、声音和位置信息实时传递；依托移动终端，采用无线数据传输技术、定位技术、地理信息技术、实现采集过程可追溯，对野外作业现场进行实时监测；基于事件分类编码体系、地理编码体系，形成科学的数据采集和信息化管理；采集进度可视化，对采集到的信息数据进行系统管理，按照检索条件进行汇总分析出具报表，从而为业务的开展提供科学可靠的信息依据。

通过“云＋端”的数据采集，实现农业污染源普查内外业一体化：一线调查员随时随地接入系统获取任务，按照标准化的工作流程执行调查采集工作；各级管理者也可以实时了解调查工作的进度，同步进行质检和审核，从而保证数据采集的有效性、调查结果的准确性、工作进度的可视化。

1.3.1 云计算

传统模式下，建立一套IT系统不仅需要购买硬件等基础设施，还要购买软件的许可证，需要专门的人员维护。当应用系统的规模扩大时，还要继续升级各种软硬件设施以满足需要。对于单位来说，计算机等硬件和软件本身并非真正需要的，仅仅是完成工作、提高效率的工具而已。可不可以有这样的服务，能够提供我们需要的所有基础设施供我们租用？这样我们只需要在用时付少量“租金”即可“租用”到这些软硬件服务，为我们节省许多购买软硬件的资金。

我们每天都要用电，但我们不是每家自备发电机，它由电厂集中提供；我们每天都要用自来水，但我们不是每家都有井，它由自来水厂集中提供。这种模式极大地节约了资源，方便了我们的生活。面对计算机给我们带来的困扰，可不可以像使用水和电一样使用计算机资源？这些想法最终导致了云计算的产生。

云计算的最终目标是将计算、服务和应用作为一种公共设施提供给公众，使人们能够像使用水、电、煤气和电话那样使用计算机资源。在云计算模式下，用户的计算机会变得十分简单，或许不大的内存、不需要硬盘和各种应用软件，就可以满足我们的需求，因为用户的计算机除了通过浏览器给“云”发送指令和接收数据外，基本上什么都不用做，便可以使用云服务提供商的计算资源、存储空间和各种应用软件。

维基百科定义云计算(Cloud Computing)是这样一种计算方式，其计算资源是动态易扩展而且虚拟化的，往往通过互联网提供。用户不需要了解“云”中基础设施的细节，不必具有相应的专业知识，也无需直接进行控制。通俗的理解是，云计算的“云”就是存在于互联网上的服务器集群上的资源，它包括硬件资源(服务器、存储器、CPU等)和软件资源（应用软件、集成开发环境等），本地计算机只需要通过互联网发送一个需求信息，远端就会有成千上万的计算机提供需要的资源并将结果返回到本地计算机，这样，本地计算机几乎不需要做什么，所有的处理都由云计算提供商所提供的计算机群来完成。

互联网世界是“云+端”的组合。在这个以“云”为中心的世界里，用户可以便捷地使用各种“端”访问云中的数据和应用，这些“端”可以是电脑和手机，甚至是电视等大家熟悉的各种电子产品，同时用户在使用各种设备访问云中的服务时，得到的是完全相同的无缝体验。

农业污染源普查面临全国部委、省、市、县多级几千家用户单位，几万人同时在线使用系统的需求。在进行硬件架构设计时充分考虑了集中填报的服务器资源瞬时压力以及如何满足大量调查员同时提交数据、照片的需求，采用公有云服务，购买多台弹性计算服务（ECS）作为数据采集服务，采用对象存储服务（OBS）存储调查照片。采用公有云架构为大规模系统填报提供了坚实的硬件资源支撑，在实践中发挥了公有云的优势：

（1）**运维方便**。直接访问服务提供商的云计算基础设施，无须担心自己安装和维护的问题，可以降低硬件运维复杂度。

（2）**计算能力突出**。在集中填报的高峰阶段，公有云可根据用户数量和填报数据传输需求，快速临时升级在云平台上的硬件资源，应对集中数据填报的压力。

（3）**数据共享方便**。立足公有云的基础设施轻松实现不同设备间的数据与应用共享，可满足移动办公、异地办公的多级用户同时在线数据协同的需求。

1.3.2 移动互联网

移动互联网是PC互联网发展的必然产物，将移动通信和互联网二者结合起来，成为一体。它是互联网的技术、平台、商业模式和应用与移动通信技术结合并实践的活动的总称，它是移动和互联网融合的产物，继承了移动随时、随地、随身和互联网开放、分享、互动的优势，是一个全国性的、以宽带IP为技术核心的，可同时提供语音、传真、数据、图像、多媒体等高品质电信服务的新一代开放电信基础网络，由运营商提供无线接入、互联网企业提供各种成熟的应用。

移动互联网在现阶段的社会发展中呈现出应用的广泛性，在各个领域中都具有不可替代的自身价值，涉及实际生产操作的方方面面。移动互联网技术的飞速发展，颠覆了传统意义上的台式计算机形式的互联网络结构。新形势下的移动互联网更具有便捷性等诸多优点，由于使用方便以及覆盖面较为广泛，移动数据网络改变着人们的生活，这与新兴的电子信息终端设备相配套，改变了人们上网的空间以及时间等局限性，可以随时随地共享网络资源。除此之外，受到传统应用技术的实际影响，互联网络出现变革，定位追踪功能逐渐出现在大众的视野当中，同时应用具有显著的现实意义和系统化、具体化的特征，定位方式因此也具有多样性，主要是以混合式的定位形式以及卫星基站等定位形式为主，对于实时位置能够借助网络信息加以传输，并上传至电子设备终端，极大便利了人类的生产生活。与传统的网络资源共享有着极大的区别，新形势下的移动互联网能够针对图像以及照片等进行传播，其自身更加地形象具体，方便了人类社会的生产生活。

移动数据采集系统以移动终端为载体，结合4G/5G等移动通信网络，建立起一套可移动的信息系统，通过将企业、政府的内部办公、业务系统扩展到移动终端的方式，帮助用户摆脱时间和空间的限制，使用户随时随地关联内网系统，获取所需任务与信息，按照标准化的工作流程，快速执行采集任务的填报工作，完成对文字、表单、图像、声音和位置信息的采集和实时传递，保证采集任务的快速构建和及时传输，摆脱地域性和网络资源设备的限制，实现精确、快捷、高效、可视化的数据采集模式。

通过整合移动数据采集、信息查询、第三方系统等，形成一套完备的移动应用平台，终端应用可完成数据录入、查询展示等功能，后台管理系统用于接收终端上报的采集数据、管理任务分类和派发、查看任务进展、信息反馈、数据统计、分析和展示以及工作监督等相关工作。同时，对所有移动终端设备进行分层次的集中式管理，遵循“分级建设、集中管理、全网服务、在线升级”的原则，为参与移动应用的终端设备提供状态监视、信息推送、文件推送、软件推送、终端控制等操作，支持相应的统计工作。

1.3.3 移动定位技术

全球卫星定位系统（Global Positioning System, GPS）是非常成熟的技术，它与通信网结合，实现一种精度高、速度快的定位方式——辅助全球卫星定位系统（Assisted Global Positioning System，A-GPS）。它可以利用手机基地站的资讯，配合传统GPS卫星，让定位的速度更快。它的基本思想是，建立一个全球卫星定位系统参考网络，该网络与移动通信网相连，通信网的移动台内置一个全球卫星定位系统接收机。通信网将GPS参考网络产生的辅助数据如差分校正数据、卫星运行状况传送给移动台，再将通信网数据库中移动台的近似位置或小区基站位置传送给移动台。移动台得到这些信息后，根据自己所处的近似位置和当前的卫星状况，可以很快地捕获到卫星信号，时间可以缩短到几秒，大大减少了定位响应时间。辅助全球卫星定位系统是基于移动台的定位方案，在精度和响应时间上都占有优势，因此应用很广泛。

定位服务(Location-Based Service, LBS)是通过移动终端和无线网络的配合，确定出移动用户的实际地理位置，从而提供用户需要的与位置相关的信息服务。LBS传递了这样一种理念：在任意时间、任意地点，人们都可以享受到空间信息服务。当微博、微信等社交网站表明“你是谁?”，微博透露出“你在想什么?”，LBS 就是回答“你在哪儿?”。LBS与传统网络服务的一个重要区别是对实体状态的感知性以及对实体变化的适应性，其最大特点是在用户需要的时间、地点和环境下，为用户提供与位置关联的信息，从而更加贴近用户需求。基于位置服务的巨大魅力在于通过固定或移动网络发送GIS功能和基于位置的信息，从而使地理信息服务在任何时间应用到任何人、任何位置和任何设备上。随着移动互联网、智能手机的迅速普及，LBS已成为最受开发者关注的应用程序编程接口之一，相关应用领域也随之不断丰富。

很多外出的业务人员都会有一个困扰，那就是外勤签到、监控及日常工作反馈问题。互联网结合移动定位技术，出现了手机签到、外业打卡模式，公司上班打卡、开会签到只需一个手机签到软件就搞定。手机签到软件能够很大程度上减少工作量，下载一个手机签到APP就可以看到每个人签到情况以及签到时间，无须一个一个去统计。根据业务需求自定义设置签到围栏范围，约束员工打卡范围，外业人员进入指定区域范围内才可进行签到，管理者可以了解外业人员的具体签到时间及位置，并可对进围栏和出围栏进行自动报警设置。相比于传统的签到，利用手机GPS定位发送位置进行签到，既方便快捷、节省时间，又解决了代签的问题，也提高了管理质量，能够准确反映出勤情况。

在第二次全国农业污染源普查中，结合采集过程可追溯的需求，借鉴手机签到模式，设计了现场照片水印留痕功能，在采集现场调查表时，要求抽样调查员拍摄现场位置照片。在进行抽样数据填报时，手机APP直接获取填报时的GPS位置，不允许修改，并且将信息直接以水印的形式标识在现场的照片上，主要包括经纬度、方位角、拍照时间、拍照用户名信息。就是说，现场坐标和照片表示调查员真实地做过调查：现场坐标主要用于记录抽样调查员填写时的地理位置，要求抽样调查员现场获取；现场照片主要是用于记录调查痕迹，包括填写时的位置、方位角、拍照时间、用户名等信息，要求现场至少拍摄一张照片。通过GPS信息可以准确实现单位地理位置采集，可对现场工作情况进行审核，实现入户调查和原位监测现场作业的可确认、可追溯，从而起到辅助管理部门实施对基层工作人员监管的作用。现场照片水印留痕技术和移动定位技术的结合，既满足了全程痕迹化管理的业务要求，又为数据质量控制提供了参考信息保障。

1.3.4 地理信息系统

地理信息系统（Geographic Information System, GIS）是一种特定的十分重要的空间信息系统。它是在计算机硬件、软件系统支持下，对整个或部分地球表层（包括大气层）空间中的有关地理分布数据进行采集、储存、管理、运算、分析、显示和描述的技术系统。

地理数据是各种地理特征和现象间关系的符号化表示，是表征地理环境中要素的数量、质量、分布特征及其规律的数字、文字、图像等的总和。地理数据主要包括空间位置数据、属性特征数据、时域特征数据三个部分。空间位置数据描述地理对象所在的位置，这种位置既包括地理要素的绝对位置（如大地经纬度坐标），也包括地理要素间的相对位置关系（如空间上的相邻、包含等）。属性特征数据有时又称非空间数据，是描述特定地理要素特征的定性或定量指标，如公路的等级、宽度、起点、终点等。时域特征数据是记录地理数据采集或地理现象发生的时刻或时段。时域特征数据对环境模拟分析非常重要，正受到地理信息系统学界越来越多的重视。

地理信息是地理数据中包含的意义，是关于地球表面特定位置的信息，是有关地理实体的性质、特征和运动状态的表征和一切有用的知识。作为一种特殊的信息，地理信息除具备一般信息的基本特征外，还具有区域性、空间层次性和动态性特点。许多学科受益于地理信息系统技术。活跃的地理信息系统市场激发了GIS组件的硬件和软件的成本降低和持续改进。地理信息系统也分化出定位服务(LBS)。位置与地理信息既是LBS的核心，也是LBS的基础。一个单纯的经纬度坐标只有置于特定的地理信息中，代表为某个地点、标志、方位后，才会被用户认识和理解。LBS使用GPS通过所在地与固定基站的关系用移动设备显示其位置，移动设备或回传位置到一个中央服务器显示或做其他处理。用户在通过相关技术获取到位置信息之后，还需要了解所处的地理环境，查询和分析环境信息，从而为用户活动提供信息支持与服务。

在第二次全国农业污染源普查中，充分利用地理信息技术，如在数据填报阶段，通过照片记录调查员调查时的空间位置，进行空间信息位置留痕；在数据审核阶段，通过空间位置校验，保证采集的数据落在调查的县级地理边界范围内；在数据入库阶段，使用空间分析和可视化制图对数据分布趋势进行可视化展示；在成果应用阶段，建立全国农业污染源普查空间数据库，结合地理信息技术开发农业污染源普查数据深度挖掘和成果展示系统，面向省、市、县管理单元，对全国农业污染情况进行空间分析，并结合环境因子等多要素对各级情况进行深度挖掘。

1.4 实践与成果

在第二次全国农业污染源普查中，结合移动互联网、卫星定位系统、移动采集技术构建了农业污染源普查信息平台，主要用于农业污染源普查数据录入、质量审核以及成果管理，实现了统一采集、统一填报、统一管理。将第二次全国农业污染源普查所采用的数据输入方式与互联网平台进行跨界融合，以第三方应用程序的形式安装于移动端，便于普查人员野外实地操作，确保数据录入的准确性。采用实名制对数据进行有效管理和质量控制，真实反映普查情况。采集后的数据通过云端进行存储，依托云计算对污染源大数据进行分析处理，快速发掘大数据多样性，充分利用大数据价值性，减少人为造假的概率。

1.4.1 农业污染源普查数据采集系统

按照精简节约、按需使用原则，采用移动互联网和“云+端”技术架构，依托强大云环境，提供一站式运维服务，保障普查数据的网络传输和实时交换，并在普查数据会审阶段通过按需拓展网络带宽，满足了部、省、市、县四级调查员、审核员近6万人在线使用，为各地的普查数据采集和审核工作提供基础网络支撑和保障。

2018年9月，完成了农业污染源普查数据采集系统建设，实现了“国家—省—市—县—两员”五级应用服务。通过提供用户管理、报表管理、Web端数据采集、移动端数据采集、数据管理、数据复核和数据交换平台、智能填报平台、数据可视化分析平台等功能应用，为各级农业普查机构开展普查报表数据的采集、管理、汇总、审核等工作提供了技术支持。

采集系统实现了县级统计、入户调查、抽样监测、大规模的数据采集和上报。农业污染源普查数据采集系统主要包括农业活动水平数据采集、畜禽养殖产排污系数原位监测、水产养殖业原位监测、秸秆产生量原位监测、地膜农田残留量原位监测、县级表双录双校系统。先后完成了种植业2 831个县、畜禽1 740个县、秸秆121个县、地膜294个县、水产100个县的入户调查和原位监测数据采集工作。

采集系统采用移动互联网和“云+端”技术架构，减轻了使用人员的数据录入工作量和数据审核工作量。在移动端内置专业规则和GPS位置核查，实现数据录入同步质检和可追溯，保证了采集任务的快速构建和及时传输，摆脱了地域性和网络资源设备的限制，确保采集数据精确、快捷、高效。在软件使用过程中，为全国采集人员提供在线运维支持和电话服务，保证普查数据采集工作顺利进行。

1.4.2 农业污染源普查数据库管理及数据挖掘系统

农业污染源普查综合数据库管理系统软件是支持普查空间信息采集与管理的重要工具，是农业污染源普查“一张图”的数据基础。搭建了农业污染源普查数据库管理及数据挖掘系统。实现了种植业、畜禽养殖业、水产养殖业水污染排放，地膜残留和使用，秸秆产生和利用情况的抽样调查及原位监测数据分析，为农业污染源数据入库、质量审核、汇总、系数核算提供了软件支撑。

构建了全国农业污染源普查数据库。其中，农业污染源普查业务数据库填报抽样调查数据共计479 433调查表，现场照片971 672张，数量329GB。掌握了各类农业污染源的数量和行业、地区、流域分布，主要污染物及其排放量、排放去向，制定了“一图一表”的农业源数据清单，形成了全国农业污染源信息数据库。建立了全国农业污染源普查核算方法。本次普查更新了种植业氮磷流失、畜禽养殖业和水产养殖业水污染物产生排放系数，获取了秸秆产生与利用系数、地膜残留系数，形成了一整套农业污染源核算方法与系数手册，可用于准确核算农业源污染物产生排放数量。整合生态环境保护基础数据，建立区域管理基准年数据库，面向省、市、县管理单元，对全国农业污染情况进行现状分析，并结合环境因子等多要素对各级情况进行深度挖掘。形成了一系列农业污染源普查专题技术报告。全国各地根据本次普查相关数据，编制形成专题技术报告，提出有针对性、可操作的对策与建议，可用于支撑各地农业环境管理决策。把农业污染源普查成果转换成环境保护日常管理工作的应用平台，为各级生态环境保护工作提供基础支撑。

1.4.3 其他辅助软件系统

开发了一系列实用的辅助软件，包括农业污染源进度汇交系统、县级表双录双校系统、省级数据入库质量控制系统等软件，有效降低了入户调查的工作量，大大提高了普查工作效率。

（1）农业污染源进度汇交系统。对种植业、畜禽养殖业、水产养殖业、地膜、秸秆五大专题数据采集进度可视化汇总，数据实时上报，实现进度监控与过程管理。通过“农业污染源进度汇交系统”的情况展示，国家、省、市、县4级用户实时了解各级各专业每天的工作进度，为工作部署和督导提供有效决策支持。

（2）县级表双录双校系统。主要对生态环境部提供的《种植业基本情况》《种植业播种、覆膜与机械收获面积情况》《农作物秸秆利用情况》《规模以下养殖户养殖量及粪污处理情况》《水产养殖基本情况》进行数据双向校对和数据质量检查。

（3）省级数据入库质量控制系统。实现了数据采集过程的全程追溯，野外作业现场实时监控，及时发现问题、解决问题，保证了数据的准确性和科学性。

1.4.4 成果

三年普查工作中，在普查领导小组的统一领导和部署下，在部领导的重视和关心下，所有承担农业污染源普查的单位认真贯彻《国务院办公厅关于印发第二次全国污染源普查方案的通知》（以下简称《普查方案》）和《农业农村部办公厅关于印发<全国农业污染源普查方案>的通知》有关要求，各地农业农村部门按照“全国统一领导、部门分工协作、地方分级负责、各方共同参与”的原则，克服时间紧、任务重、难度大、要求高等困难，完成了近38万家畜禽规模养殖场的入户调查、排放量核算和近3 000个涉农区县的种植、畜禽养殖和水产养殖生产基本情况调查表填报工作，获得大量的污染源信息和翔实的普查数据。

普查工作过程中，各级农业污染源普查机构广泛应用信息化手段提高普查效率。通过采用移动采集终端来提高采集效率，实时采集点位坐标信息和相关照片信息；通过普查数据采集和管理系统一级部署五级应用，减轻基层信息化建设经费负担，提高数据采集和处理效率。采集系统采用移动互联网和“云+端”技术架构，实现了大规模的数据采集和上报。移动端内置专业规则，实现数据录入同步质检。数据可追溯，实时获取GPS位置信息，只能从系统拍摄照片。数据可验证GPS位置核查，报表与APP双向校验，实现了入户调查和原位监测的现场作业的可确认、可追溯，保证了数据采集质量。同时，可减轻使用人员的数据录入工作量和数据审核工作量。“云+端”数据采集模式，保证采集任务的快速构建和及时传输、摆脱地域性和网络资源设备的限制，实现精确、快捷、高效、可视化的数据采集。

围绕种植业氮磷流失、畜禽养殖业水污染物产生排放、水产养殖业水污染物产生排放、秸秆产生与利用、地膜残留系数等，开展了原位监测和抽样调查，完成了30.2万个典型地块、6.8万个畜禽养殖户、2.9万个水产养殖单位的抽样调查，在260个县开展地膜使用和残留情况调查，在120个县开展秸秆产生和利用调查。完成了300个种植业、214个畜禽养殖业、186个水产养殖业、258个地膜残留、13种主要农作物的5 000个秸秆产生量原位监测点的周年监测工作，同步安排了质量控制工作，通过省级数据入库质量控制系统和数据汇交模块实时查看农业生产活动水平和原位监测数据采集、上报、审核等情况，完成不同来源、行业间、区域间、同行业同区域企业间的数据比对，快速排查异常值。在普查业务培训和指导过程中，通过录制培训课件及操作视频、在线答疑交流等形式强化培训和指导效果，保证数据的真实性和准确性。

1.5 普查模式创新

以往的污染源普查通过纸笔进行，结束之后纸张还要由各省统一回收、集中储存。时代在进步，技术在创新，第二次全国农业污染源普查采取更多的科技元素，尽可能获取更为翔实的信息，提高普查数据质量，减轻广大普查对象和基层普查人员的负担。相比十年前，第二次全国农业污染源普查在管理和技术上都有巨大创新。

1.5.1 全方位人员管理

以“人”为核心，总揽全局，新信息技术推动管理变革，分级管理、层层落实：自上而下，部级总体部署、省级制定方案、市级落实任务、区县实地调查；以岗定责，预先设定单位、人员、任务，实名登录、手机认证；逐级审核，国家、省、市、县分级审核、全辖区上报（图1-1）。

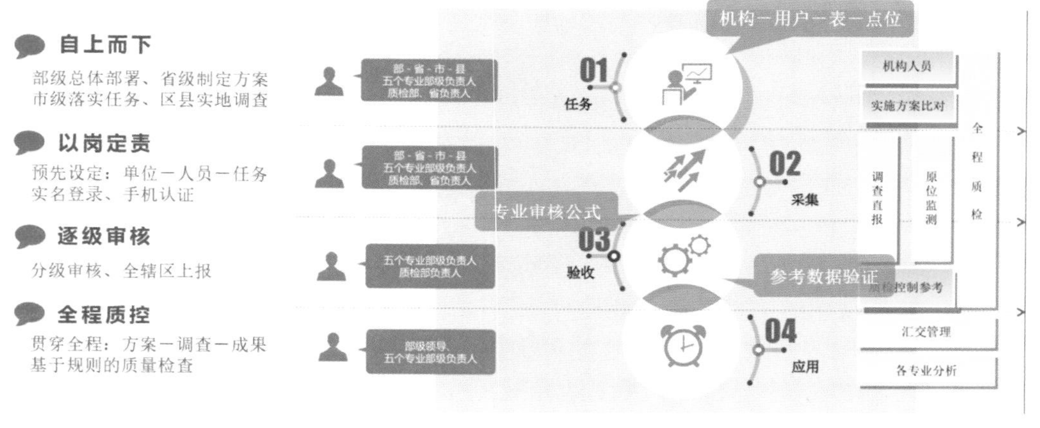

图1-1 以“人”为核心，总揽全局

1.5.2 基于数据的业务协同

国家、省、市、县、两员五级用户基于数据进行业务协同，上级部署、省级制定方案、区县接受、实地调查，工作的进度和完成质量可实时掌握，同步审核，流程科学。可大大减少填报的逻辑错误，减少数据录入的再生错误，减轻使用人员的数据录入工作量和数据审核工作量。流程更合理，工作重点更明确。专业与属地相结合，问题早发现，缩短时间周期以便及时退回重新调查。数据实时上报，实现进度监控与过程管理。通过“采集汇交系统”的情况展示会商，实时了解各级各专业每天的工作进度，为部里的工作部署和督导提供了有效的决策支持（图1-2）。

1.5.3 全流程的数据质量控制

在“数据填报”“数据上报”“数据入库”各个阶段中，全方位地进行了“全流程、全要素、可追溯”的数据质量控制工作。数据填报阶段，综合应用数据规则验证、现场照片水印留痕技术和地理信息技术辅助普查数据质量控制。数据审核阶段，通过数据规律，利用可视化的方法，对数据进行横向校验。数据入库阶段，利用异常值检测算法，从统计学的角度对数据进行质量控制（图1-3）。

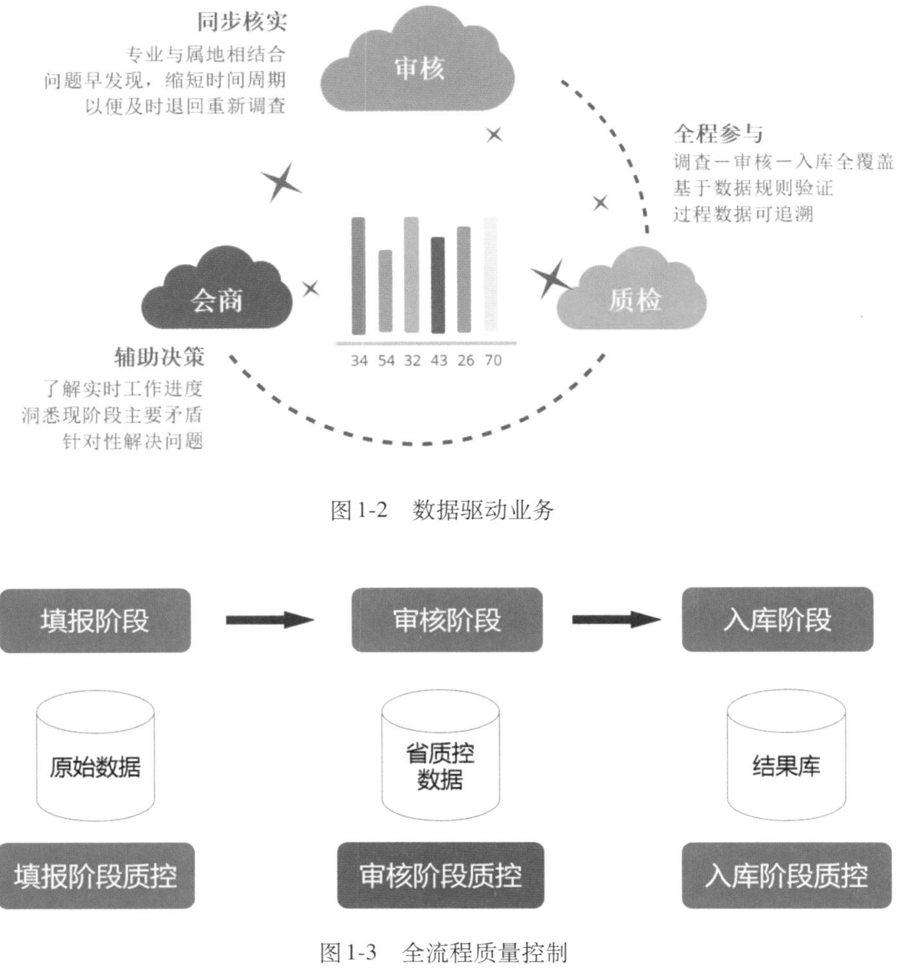

图 1-2 数据驱动业务

图 1-3 全流程质量控制

1.5.4 “云+端”模式推动传统采集方式变革

采用移动互联网和“云+端”技术架构，实现了大规模的数据采集和上报。无需大量印刷纸制表单，避免下发后无法变更表单；无需大量的数据录入工作，减少中间环节。及时发现现场的对应关系，现场核实，现场查遗补漏，不需要多次比对，减少返回现场的次数和上门时间，节省大量文字数据录入时间。移动端内置专业规则，实现数据录入同步质检。数据可追溯，实时获取GPS位置信息，只能从系统拍摄照片。数据可验证GPS位置核查，报表与APP双向校验，实现了入户调查和原位监测的现场作业的可确认、可追溯，保证了数据采集质量。同时，可减轻使用人员的数据录入工作量和数据审核工作量。“云+端”数据采集模式，集成空间信息技术与移动互联网技术，实现业务的扁平化管理，工作动态实时掌握、有效协同，保证采集任务的快速构建和及时传输，摆脱地域性和网络资源设备的限制，改变了传统调查中现场调查人员各自为战、质检成本高、数据报送周期长、问题处理不及时的不利局面，实现了精确、快捷、高效、可视化的数据采集（图1-4）。

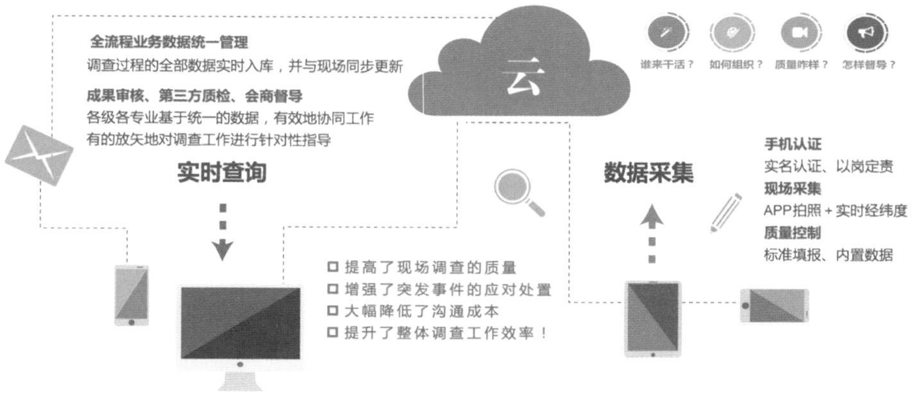

图1-4　采集标准化，作业可验证

1.5.5　空间信息技术的深入应用

在“数据填报”“数据审核”“数据入库”“成果应用”各个阶段中，充分结合空间信息技术。数据填报阶段，APP直接获取填报时GPS位置，信息以水印的形式标识在照片上；数据审核阶段，通过拓扑检查，通过可视化手段，将坐标落在县域内，用于快速定位偏移数据；数据入库阶段，建立农业污染源普查空间数据库，利用邻域对比，对具有相似地理条件和生产模式的不同省邻近县，做比较分析；成果应用阶段，开发移动和Web GIS系统以空间为核心的专题现状分析、产排污模拟计算、多维综合对比，将深度挖掘、现状分析的成果应用于环境保护日常管理工作中，为各级工作提供基础支撑（图1-5）。

图1-5　农业污染源普查数据深度挖掘和成果展示

2 全程信息化支撑

污染源普查是一次重要的国情调查，农业污染源普查是全国污染源普查的重要内容之一，是农业资源环境的基础性工作。农业污染源普查涉及种植业、畜禽养殖业、水产养殖业、秸秆、地膜五大专业的县级统计、入户调查、抽样监测工作，普查数据获取方式多样，需要国家、省、市、县不同参与者的紧密协作。以普查业务需要为出发点，以简化程序、快速便捷获取数据为目标，积极采用新一代信息技术，实现了普查数据的数据采集、汇交管理、质量控制、数据管理、数据挖掘、成果展示的全过程信息化管理（图2-1）。

图2-1　第二次全国农业污染源普查信息化软件

（1）农业活动水平数据采集系统（2018年）。根据入户调查的工作需要，进行五大专业的普查任务划分、入户调查、数据上报等功能开发，形成科学的数据采集和信息化管理体系，完成对业务、流程的表单、图像、位置信息实时传递，实现精确、快捷、高效数据采集，为全国污染源普查数据采集、上报提供作业工具支持，保证采样的有效性。

（2）原位监测数据采集系统（2018年）。对五大专业的污染物排放量进行原位监测，进行全国监测任务监测点、样品采集的部署及样品测定数据的收集和系数计算。

（3）农业污染源进度汇交系统（2018年）。实时展示五大专业的活动水平数据、原位监测数据的工作进度（填报、上报、接收、完成的情况），实现采集进度可视化，对采集到的信息数据进行系统管理，实时了解各级各专业每天的工作进度，统计各省、市、区县的上报率，汇总进度，为部里的工作部署和督导提供了有效的决策支持。

（4）县级表双录双校系统（2019年）。通过数据双向校对和数据质量检查功能，核实“县级表”数据，并提供了专项质检报告，为农业农村部与生态环境部之间的成果会商提供了有力的支持。

（5）农业污染源数据质量控制系统（2019年）。构建了全流程质量控制体系，通过内置校验算法，如GPS坐标验证、关键指标验证、历史数据比较、地理空间比较、竞争性神经元网络等数学算法验证等，实现了普查过程的全程追溯。从工作组织、数据采集、上报、入库等关键环节的层层把关达到采集过程可追溯，对野外作业现场进行实时监测，在发现问题时能够及时纠正解决。

（6）农业污染源普查综合数据库管理及数据深度挖掘系统（2019年）。将各类普查数据经过统一的汇总、清洗、整理，实现对成果数据的统一建库，实现数据归类对比分析、区县农业污染源普查专业分析、农业污染源普查数据成果可视化等功能。

（7）农业污染源普查舆情系统（2020年）。关注农业污染源普查的舆情，针对农业污染源普查、农用薄膜管理办法、农业面源污染、农业清洁生产等，按照时间进行关注度趋势、正负面性分析，对热点文章进行跟踪、分析转载过程。

（8）农业污染源普查数据深度挖掘和成果展示（2020年）。整合第二次全国农业污染源普查成果，集成基准数据、产排污计算模型、深度挖掘与可视化工具于一体的国家农业环境基础信息系统。

2.1 农业活动水平数据采集系统

采用移动互联网和“云+端”技术架构，实现了县级统计、入户调查大规模的数据采集和上报。农业活动水平数据采集系主要服务于种植业、畜禽养殖业、水产养殖业、秸秆、地膜五大专业的《种植业县级模式调查表》《种植业典型地块抽样调查表》《畜禽养殖粪污处理调查表》《抽样调查县水产养殖场（户）信息表》《农作物秸秆利用农户抽样调查表》《企业普查表》《乡镇地膜应用及污染调查表》《农户地膜应用及污染调查表》的数据采集工作。系统分为PC网页端和手机端：网页端为管理员、审核员提供用户管理、数据审核等功能；手机端的使对象是县级统计调查员和县级抽样调查员，主要用于数据填报。

2.1.1 采集系统PC网页端

农业活动水平数据采集PC网页端，实现与移动端信息系统的数据交互，主要提供用户管理、农业污染源普查采集任务管理、任务分配、任务审核、数据导出、系统管理等功能。通过后台管理系统对污染源普查采集任务进行集中的管理和任务分配。重点是通过实现与移动端数据采集系统的实时及准实时的信息同步，对用户采集时的地理位置、采集时间等信息进行交互性验证，从源头上确保野外数据采集的真实性和采集质量，这是全过程质量保证和控制的第一环节。对于采集的位置等信息可以进行导出，为全程纪实痕迹管理提供数据支撑（图2-2、图2-3）。

图2-2　PC网页端登录界面

图2-3　PC网页端界面

系统设置4级31个用户角色，主要包括：①部委管理员，即部委种植业审核员、部委畜禽养殖业审核员、部委水产养殖业审核员、部委秸秆审核员、部委地膜审核员；②省级管理员，即省级种植业审核员、省级畜禽养殖业审核员、省级水产养殖业审核员、省级秸秆审核员、省级地膜审核员；③市级管理员，即市级种植业审核员、市级畜禽养殖业审核员、市级水产养殖业审核员、市级秸秆审核员、市级地膜审核员；④县级管理员，即县级种植业审核员、县级种植业统计调查员、县级种植业抽样调查员、县级畜禽养殖业审核员、县级畜禽养殖业抽样调查员、县级水产养殖业审核员、县级水产养殖业抽样调查员、县级秸秆审核员、县级秸秆统计调查员、县级秸秆抽样调查员、县级地膜审核员、县级地膜抽样调查员。

系统在人员质控方面的设计包括：①用户初始化需要输入姓名、联系电话、所在单位、所在科室、邮箱、是否培训以及培训证件编码；②通过4级用户、5个专业控制用户数据查看范围，即用户只能查看所属行政区划对应专业的数据；③只有县级抽样调查员和县级统计调查员能填写数据；④系统可以查看是否完善个人信息以及记录用户登录时间、累计登录次数，依此可以对各个省及地区进行质量控制（图2-4）。

账号	姓名	区域	单位名称	岗位	最近登录时间	登录次数	联系电话	邮箱	是否培训	培训证件编码
wpgaoming	高明		河南省农村能源环境保护总站	省级管理员	2018-09-24 11:24:22	12	13653991222	hnjcz@sina.com	否	
wpzzygaoming	高明		河南省农村能源环境保护总站	省级种植业审核员	2018-09-24 11:19:05	7	13653991222	hnjcz@sina.com	否	
kfsgly	赵明远		开封市农村能源环境保护站	市级管理员	2018-09-24 10:14:44	2	15938598716	kfnyz@sina.com	F	
ycxgly	曹杰		永城市农业局	市级管理员	2018-09-24 10:06:06	1	13781531578	ycsnyb1956@163.com	F	
lkxgly	李二庆		兰考县农林局	市级管理员	2018-09-24 10:04:02	2	13938623904	lkxnyz@126.com	F	
cyxgly	刘涛		长垣县农林畜牧局	市级管理员	2018-09-24 10:00:00	1	13949606388	cyxdwj@163.com	F	
jysgly	李新旗		济源市农牧局	县级管理员	2018-09-24 10:21:51	3	15238726333	jyncnyglz@126.com	F	
xxsgly	崔强		新乡市农牧局	市级管理员	2018-09-24 10:13:34	2	18530229698	xxncny@126.com	F	
xysgly	张凯		信阳市农业局	市级管理员	2018-09-24 10:16:07	2	13569708785	xyncnyz@163.com	F	
zzsgly	王秋红		郑州市农委	市级管理员	2018-09-24 11:23:55	4	13613712220	zzsnyb@163.com	F	
wphanshouxin	韩守新		吉林省农业环境保护与农村能源管理总站	省级管理员	2018-09-24 11:58:27	19	13944869858	975060935@qq.com	是	
wpdingwenguo	丁文国		长春市农业环境保护与农村能源站	省级地膜审核员,省级秸秆审核员,省级种植业审核员	2018-09-24 10:24:53	6	13943090132	925102679@qq.com	是	
wpzzyzhuwenbo	朱文博		吉林省农业环境保护与农村能源管理总站	省级种植业审核员	2018-09-24 04:11:06	3	18704488282	shbzwb@163.com	否	
wpdmyyaoyanying	姚颜莹		吉林省农业环境保护与农村能源管理总站	省级地膜审核员	2018-09-24 01:15:25	2	15590575581	shbzyyy@163.com	否	
wpjgyjiaoyunfei	焦云飞		吉林省农业环境保护与农村能源管理总站	省级秸秆审核员	2018-09-24 00:08:57	1	17604317996	shbzjyf@163.com	否	

图2-4　用户登录情况

2.1.2　采集系统手机端

农业活动水平数据采集手机端系统部署在手机和平板智能终端上，主要提供农业污染源野外数据采集，包括任务管理、野外作业规划管理、外业数据采集（包括种植业、畜禽养殖业、水产养殖业、地膜、秸秆5种类型数据采集）、数据回传等模块。

用户在采集时有严格的日志记录，包括用户操作数据时的地理位置、数据ID、采集时间，便于责任定位、任务审核、痕迹管理等流程。具体包括可以通过终端设备自带的GPS采集地理位置信息，使用地图和遥感卫星影像作为信息采集基础；使用触摸屏虚拟键盘或触控笔进行文本信息的采集录入；使用终端设备的摄像头采集与地理要素关联的照片信息；支持通过4G网络或Wi-Fi网络直接从服务器上下载任务信息；在网络信号较差或数据量太大的情况下，支持先将数据保存在手机中，返回有Wi-Fi的地方再上传到服务器中（图2-5）。

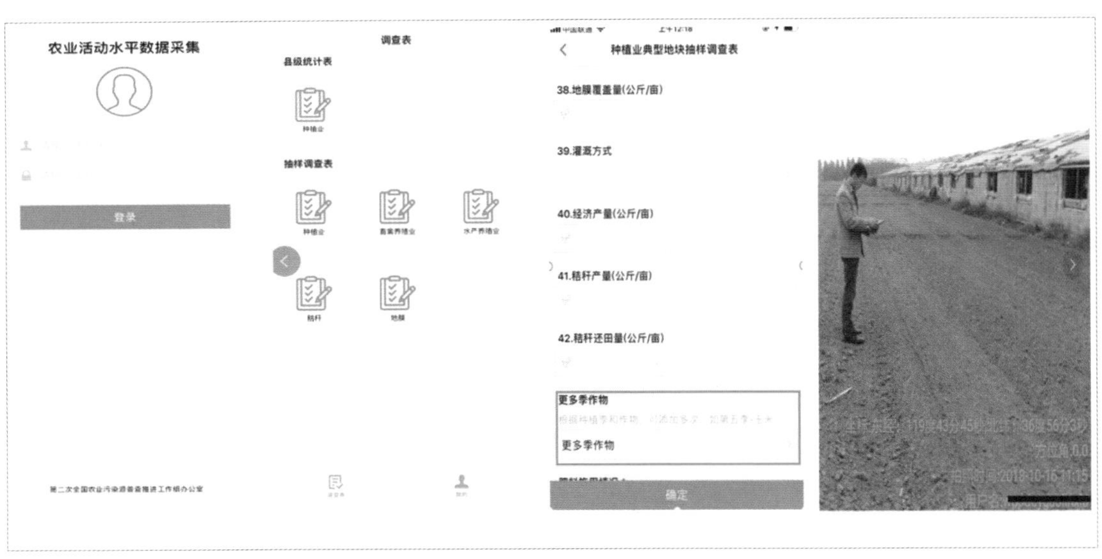

图2-5　手机端界面

在手机APP开发时，实现根据各个专业的要求输入限制条件，即现场填报时如果不满足数据规范性，则无法进行数据提交，且会给予针对性的提示。通过事前规范性校验，保证数据填报质量。具体设置如下：

（1）内置编码表。有固定值的，在APP中填报时直接选择对应选项即可，这样避免了手动输入错误。如种植业模式名称及编码、作物名称和作物代码对应表等。

（2）固定信息自动填写。根据用户初始化信息，自动填写省、市、县、调查员的电话等信息，现场不需要输入。

（3）限定填报数值精度。根据各个专业要求限定小数点位数。

（4）设立数据间审核公式。根据不同专业情况，对填报数据关系进行审核，不满足公式要求的不能上报。

2.2　原位监测数据采集系统

原位监测数据采集系统，主要包括秸秆产生量原位监测、地膜农田残留量原位监测、畜禽养殖业产排污系数原位监测、水产养殖业原位监测。

2.2.1　秸秆产生量原位监测

秸秆产生量原位监测主要为秸秆原位监测《乡镇面积维护表》《行政村面积维护表》《调查村地块卡片维护表》《农作物草谷比调查表》《农作物收集系数调查表》等数据填报提供服务。主要用户包括部委管理员、区县管理员、区县审核员、区县调查员。秸秆产生量原位监测系统功能如图2-6所示，工作流程如图2-7所示，系统界面如图2-8、图2-9所示。

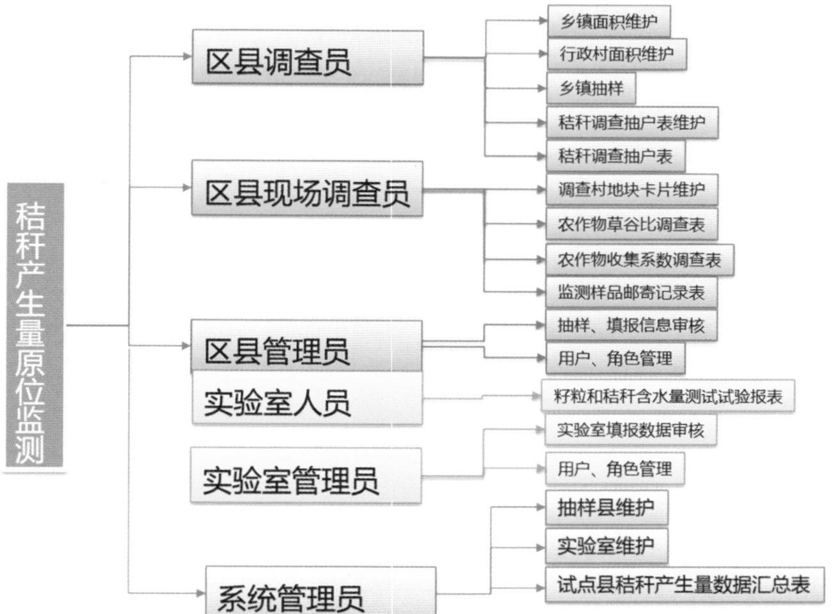

图2-6　秸秆产生量原位监测系统功能模块

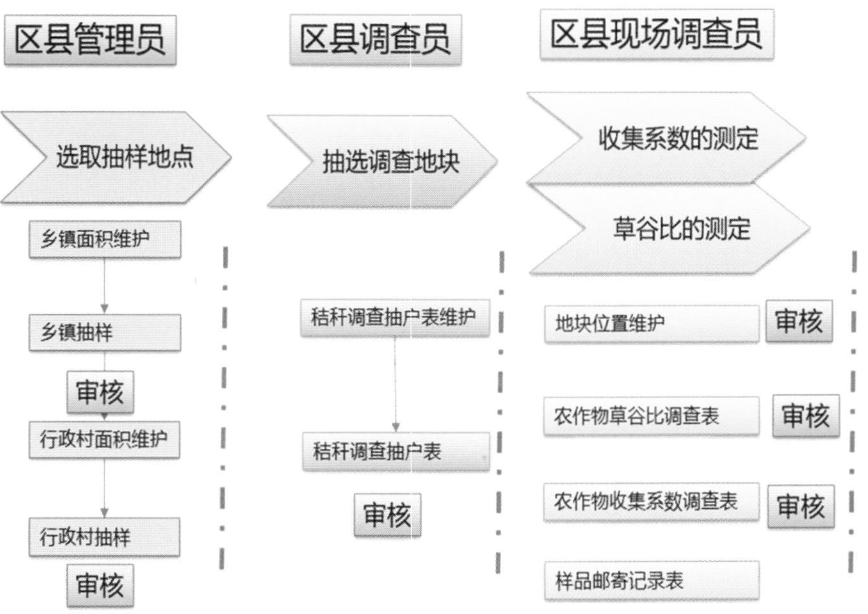

图2-7　秸秆产生量原位监测系统工作流程

图2-8　秸秆产生量原位监测系统登录界面

图2-9　秸秆产生量原位监测系统界面

2.2.2　地膜农田残留量原位监测

地膜农田残留量原位监测主要为地膜原位监测《数据采集点调查表》《数据采集点地膜残留情况调查表》等数据填报提供服务。主要用户包括部委管理员、省级管理员、区县管理员、区县调查员、校核单位管理员、校核单位调查员、中心实验室管理员、中心实验室人员。系统功能如图2-10所示，系统主要工作流程如图2-11所示，系统界面如图2-12、图2-13所示。

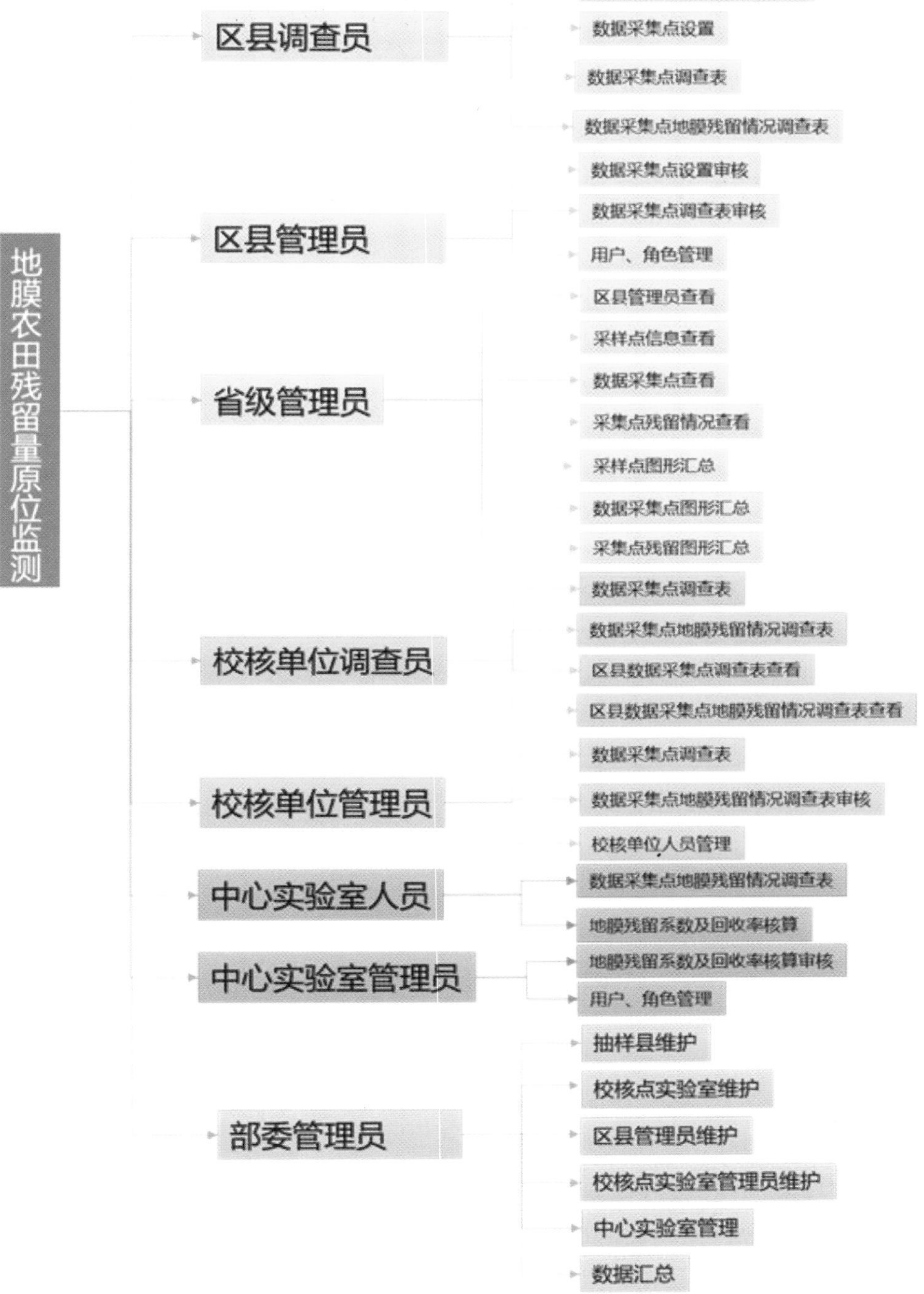

图2-10　地膜农田残留量原位监测系统功能模块

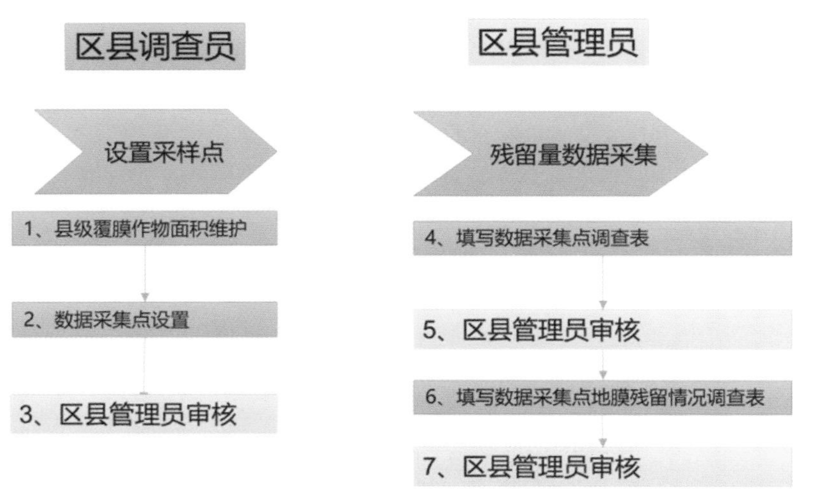

图2-11　地膜农田残留量原位监测系统工作流程

图2-12　地膜农田残留量原位监测系统登录界面

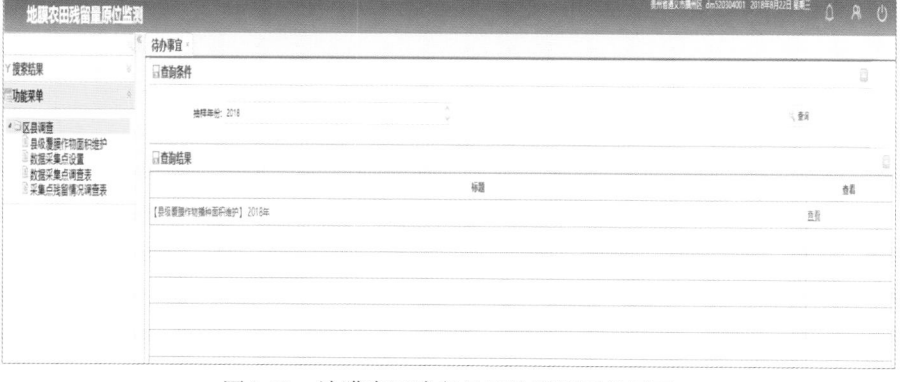

图2-13　地膜农田残留量原位监测系统界面

2.2.3 畜禽养殖业产排污系数原位监测

畜禽养殖业产排污系数原位监测主要为畜禽养殖业原位监测《农场基本信息》《污染物产生和排放信息》《采样记录信息》《样品测定信息》等数据填报提供服务。主要用户包括部委管理员、监测省管理员、监测省现场监测员、校核单位管理员、校核单位现场监测员。系统功能如图2-14所示，系统主要工作流程如图2-15所示，系统界面如图2-16、图2-17所示。

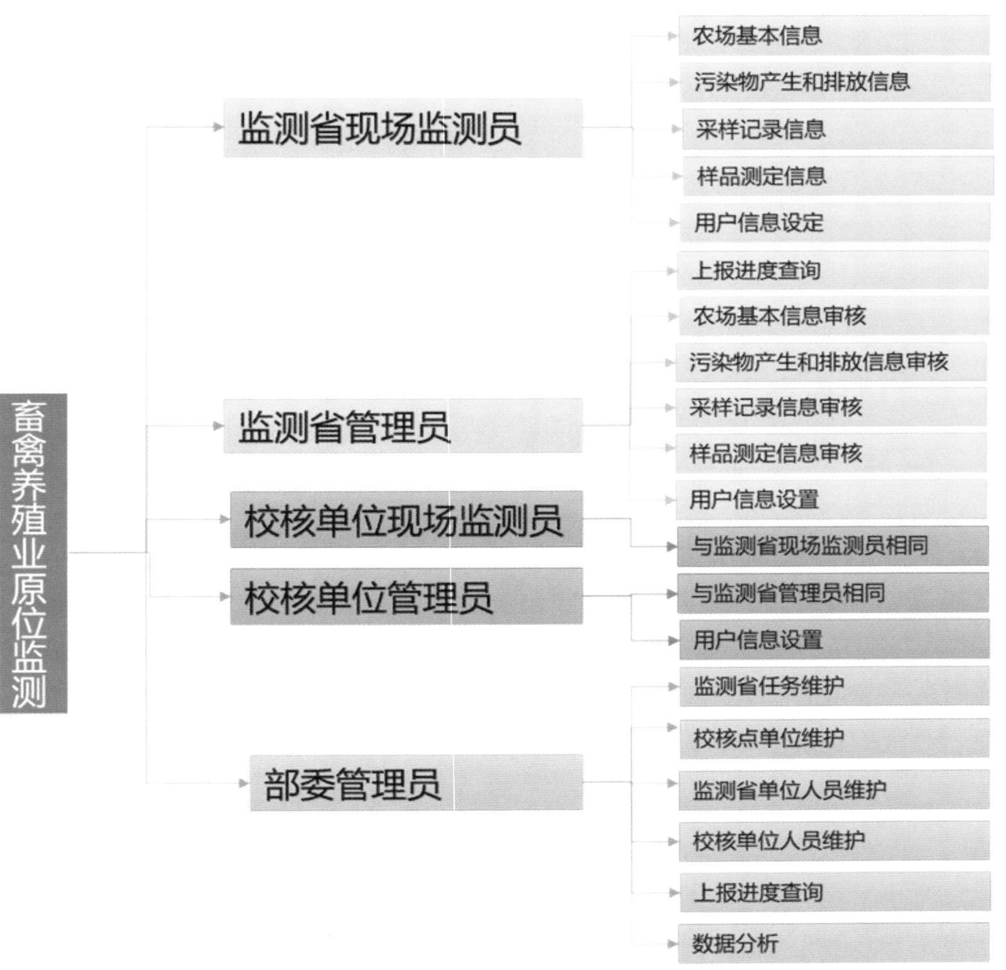

图2-14 畜禽养殖业产排污系数原位监测系统功能模块

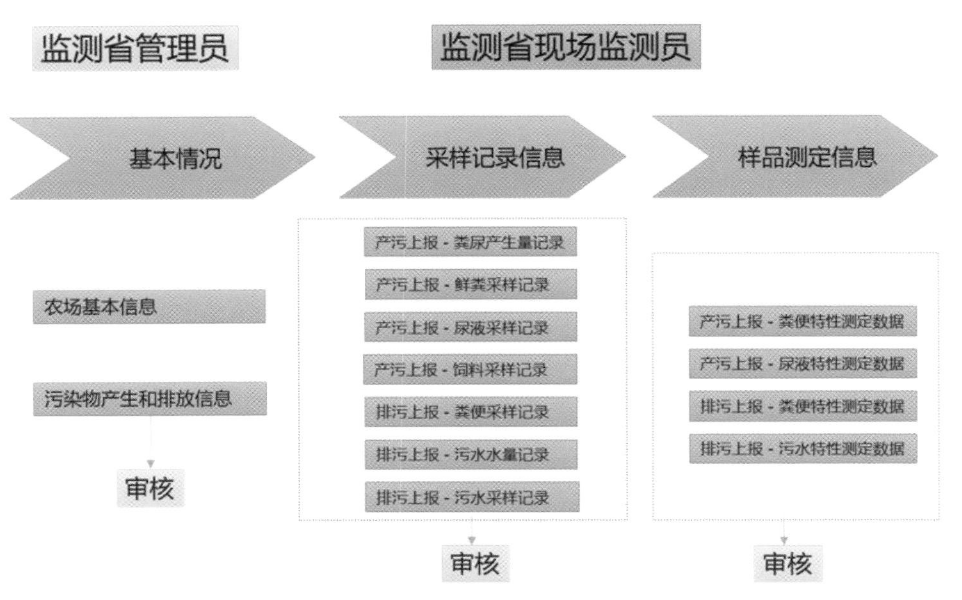

图2-15 畜禽养殖业产排污系数原位监测系统工作流程

图2-16 畜禽养殖业产排污系数原位监测系统登录界面

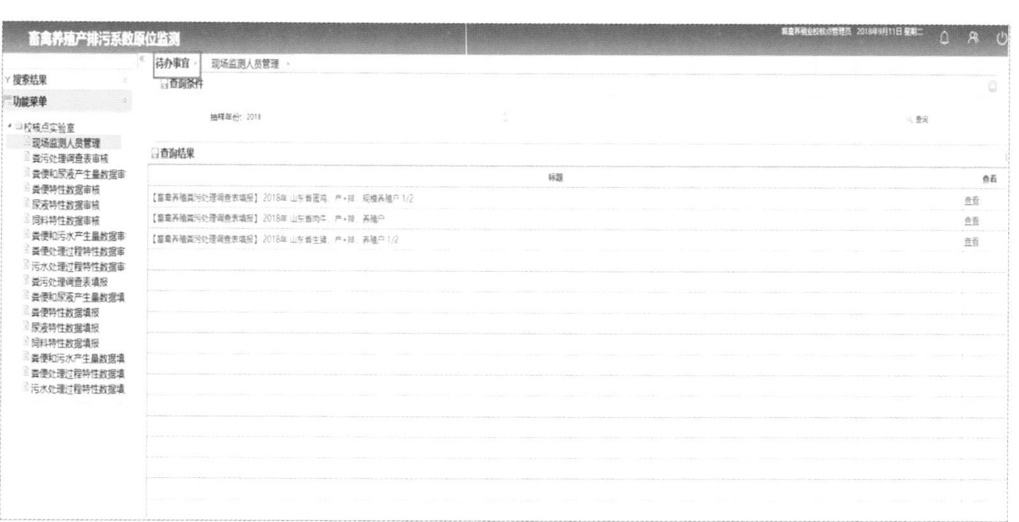

图2-17 畜禽养殖业产排污系数原位监测系统界面

2.2.4 水产养殖业原位监测

水产养殖业原位监测主要为水产养殖业原位监测《水产养殖场（户）信息表》《监测信息表》等数据填报提供服务。主要用户包括部委管理员、片区负责单位审核员、片区负责单位调查员、监测单位审核员、监测单位调查员。系统功能如图2-18所示，系统主要工作流程如图2-19所示，系统界面如图2-20、图2-21所示。

图2-18 水产养殖业原位监测系统功能模块

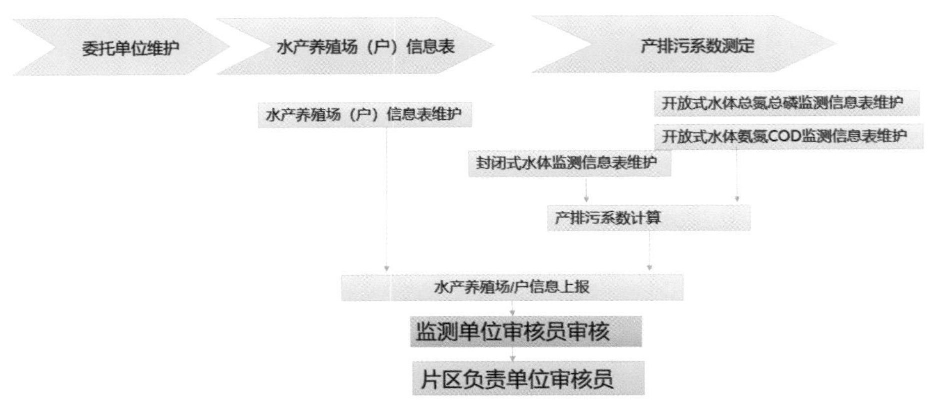

图2-19　水产养殖业原位监测系统工作流程

图2-20　水产养殖业原位监测系统登录界面

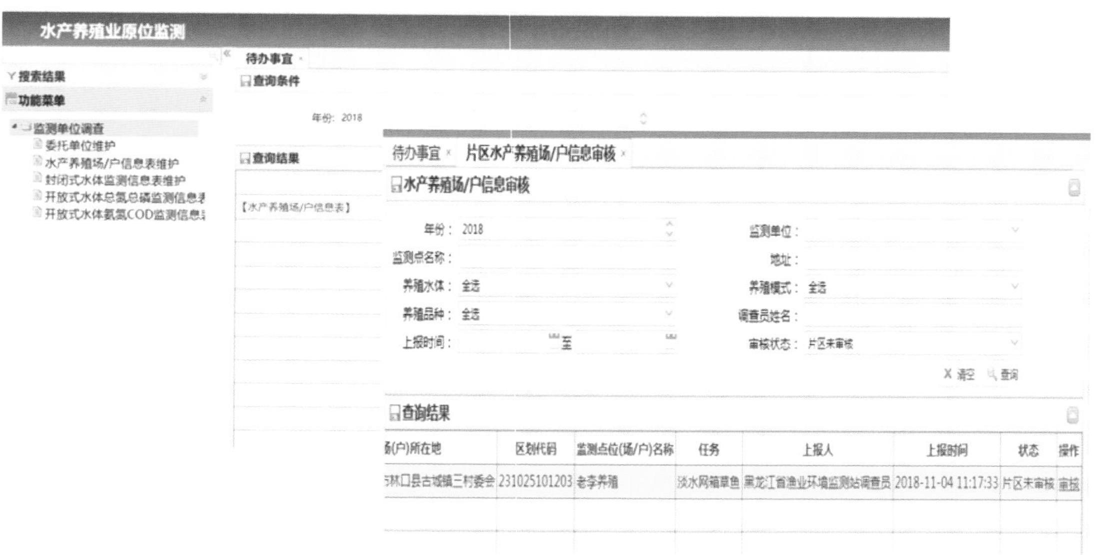

图2-21　水产养殖业原位监测系统界面

2.3　农业污染源进度汇交系统

农业污染源进度汇交系统对种植业、畜禽养殖业、水产养殖业、地膜、秸秆五大主题数据采集进度可视化汇总，数据实时上报，实现进度监控与过程管理。通过"农业污染源进度汇交系统"的情况展示，实时了解各级各专业每天的工作进度，为部里的工作部署和督导提供了有效的决策支持（图2-22）。

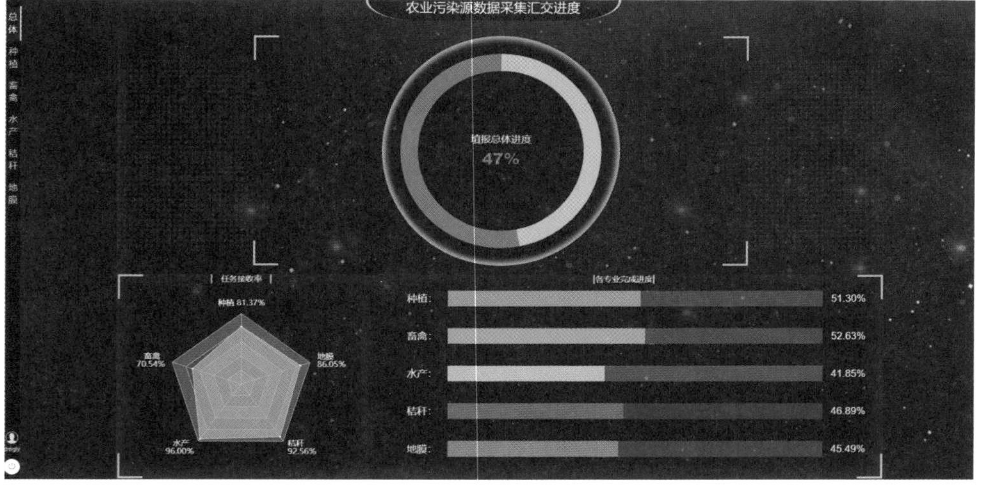

图2-22　总体进度

2.3.1　农业活动水平数据采集进度

秸秆农业活动水平数据采集进度展示如图2-23所示。

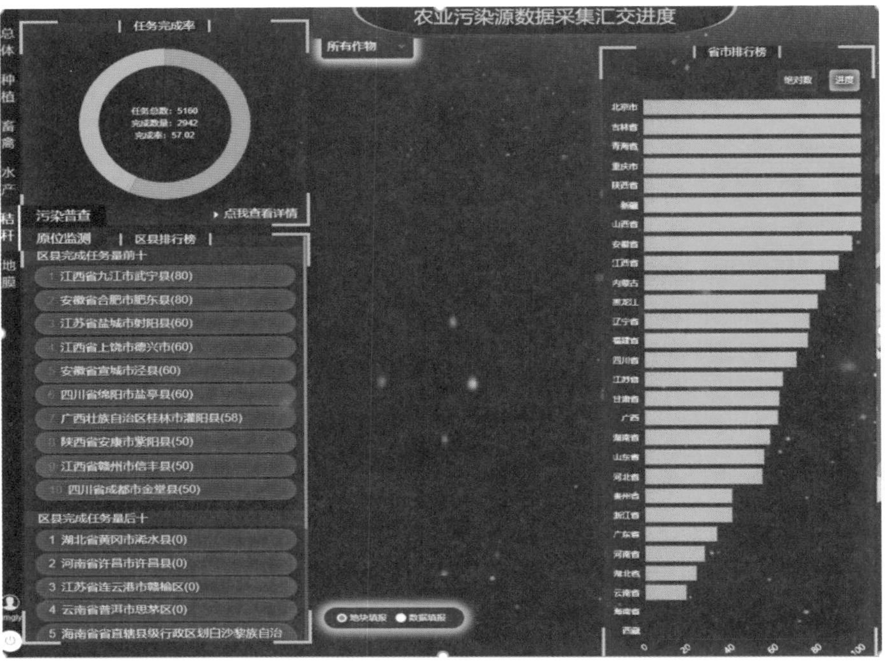

图2-23　秸秆数据进度

2.3.2　原位监测数据采集进度

水产原位监测数据采集进度展示如图2-24所示。

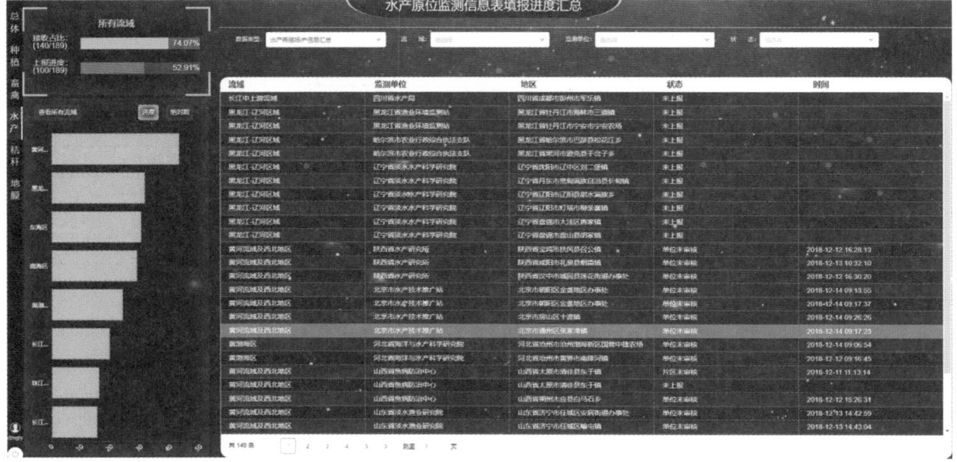

图2-24　水产数据进度

2.4 县级表双录双校系统

县级表双录双校系统主要为生态环境部提供的《种植业基本情况》《种植业播种、覆膜与机械收获面积情况》《农作物秸秆利用情况》《规模以下养殖户养殖量及粪污处理情况》《水产养殖基本情况》等数据填报提供服务，并提供数据双向校对和数据质量检查功能。县级表双录双校系统功能如图2-25所示，系统界面如图2-26所示，数据表显示如图2-27所示。

使用“签证验证”“省市县综合机构名称验证”“数据自校验”“表间数据校验”等方法，对县级统计表数据进行校验。数据校验情况如图2-28所示。

通过县级双录双校系统为生态环境部提供质控报告，发现生态环境部提供的数据存在以下问题：综合机关名称不规范或空白、省市县名称不统一或填报错误、表内数据自校验不通过、表间数据自校验不通过、数据重复、部分数据空白。

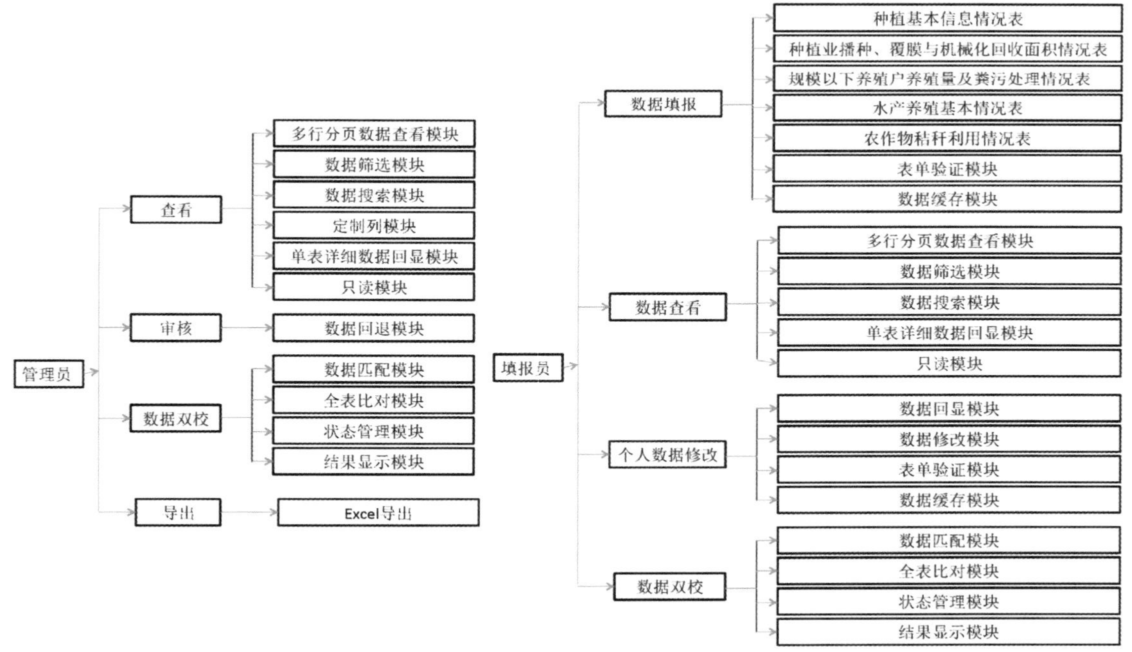

图2-25 县级表双录双校系统功能模块

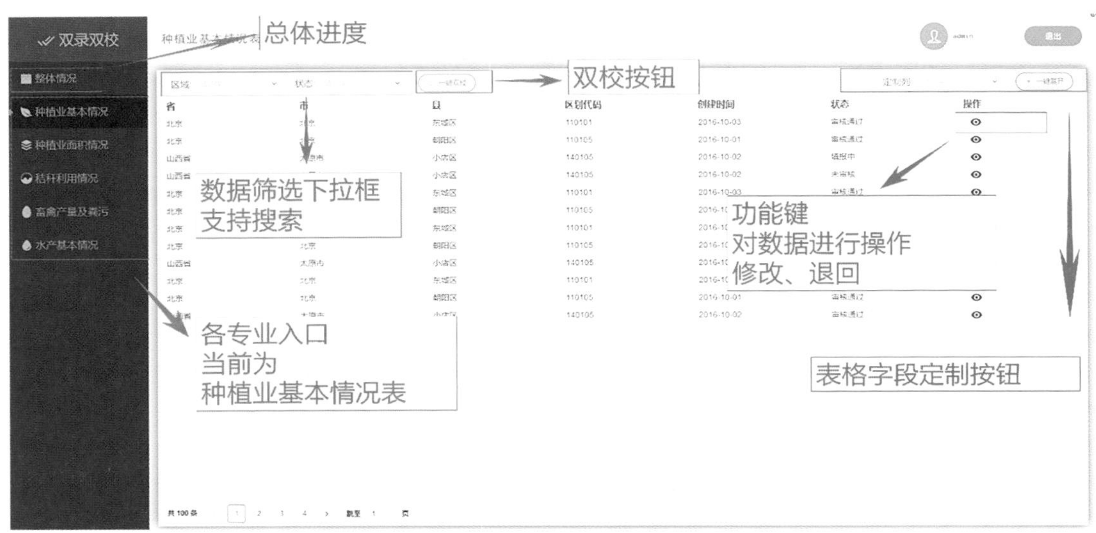

图2-26 县级表双录双校系统界面

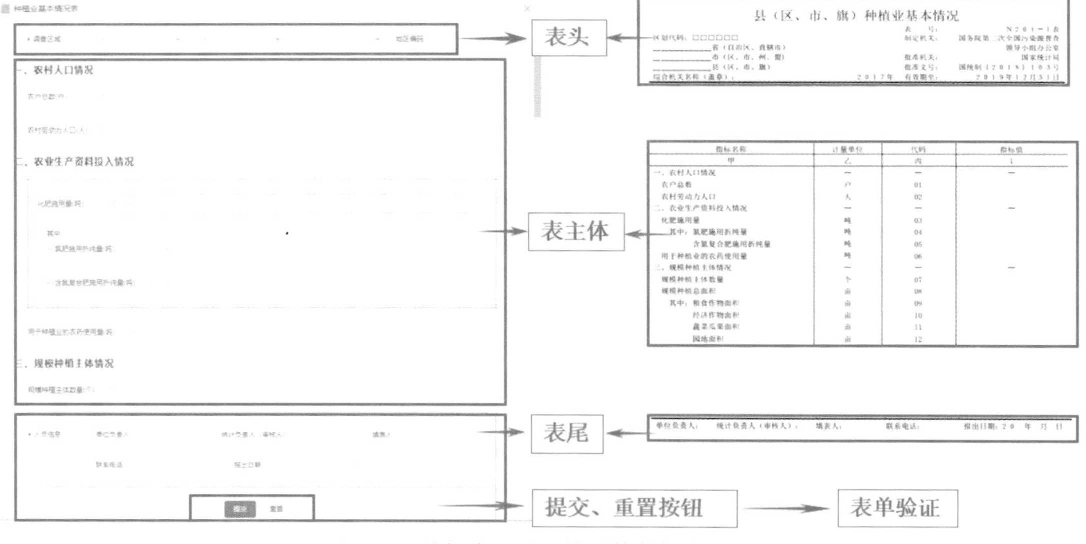

图2-27 县级表双录双校系统数据表显示

1.县级统计表

序号	表名	填报数	通过数	不合格数	不通过率
1	签证验证	2790	2467	324	11.61%
2	省市县综合机构名称	2790	2704	87	3.12%
3	数据自校验	2790	1381	1410	50.52%
4	以上三项全部	2790	1150	1640	58.78%

2.种植业播种覆膜面积表

序号	表名	填报数	通过数	不合格数	不通过率
1	签证验证	2784	2474	310	11.14%
2	省市县综合机构名称	2784	2709	75	2.7%
3	数据自校验	2784	1447	1337	48.02%
4	表间数据校验	2784	2109	675	24.25%
5	以上四项全部	2784	929	1855	66.63%

3.种植业秸秆利用情况表

序号	表名	填报数	通过数	不合格数	不通过率
1	签证验证	2733	2415	318	11.64%
2	省市县综合机构名称	2733	2669	64	2.34%
3	表间数据校验	2733	1749	984	36%
4	以上三项全部	2733	1534	1199	43.87%

4.畜禽产量及粪污表

序号	表名	填报数	通过数	不合格数	不通过率
1	签证验证	2723	2425	298	16.62%
2	省市县综合机构名称	2723	2642	81	2.97%
3	以上两项全部	2723	2382	341	12.52%

5.水产基本情况表

序号	表名	填报数	通过数	不合格数	不通过率
1	签证验证	18901	17286	1615	8.54%
2	省市县综合机构名称	18901	18420	481	2.54%
3	表间数据校验	18901	17073	1828	9.67%
4	以上三项全部	18901	15387	3514	18.59%

图2-28　县级统计数据规范性校验

2.5　农业污染源数据质量控制系统

数据质量控制是普查工作有效执行的重要保证。在农业污染源普查数据采集系统设计和开发过程中，根据质量控制的要求开发了对应的功能，构建了全流程质量控制体系，达到采集过程可追溯，对野外作业现场进行实时监测，在发现问题时能够及时纠正解决，主要包括GPS坐标验证、基于可视化图表的验证、关键指标验证等。系统主要功能如图2-29所示。

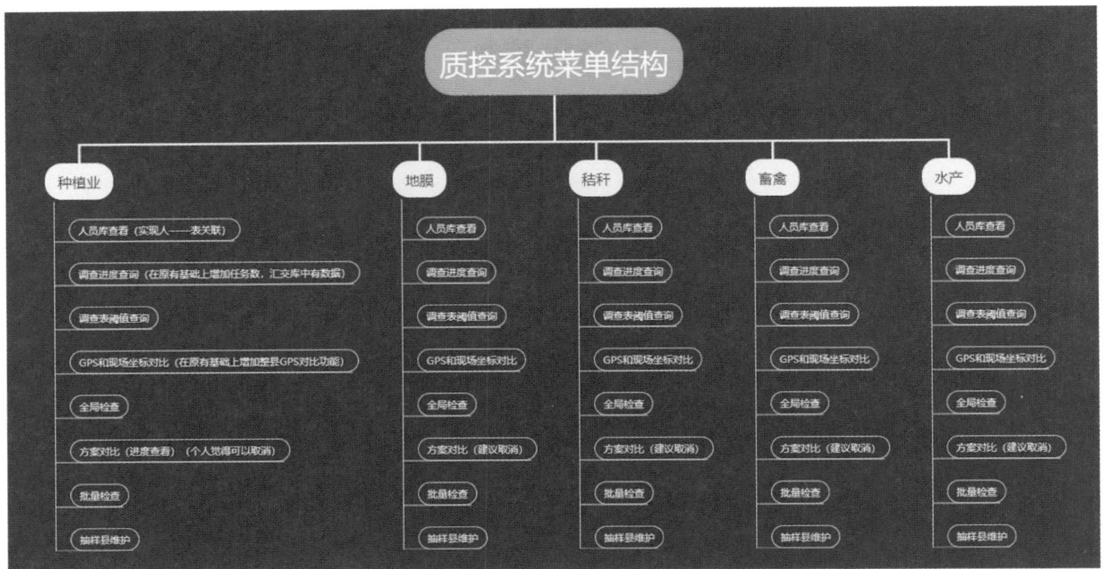

图2-29　数据质量控制系统功能模块

采用国家、省、市、县4级审核方式进行质量控制，主要包括：

（1）用户设定严格控制。采用用户逐级设定方式，部委管理员创建部委审核员，创建省级管理员；省级管理员创建省级审核员，创建市级管理员；市级管理员创建市级审核员，创建县级管理员；县级管理员创建统计调查员和抽样调查员。

（2）填报数据量和方案审核。数据在上报时可以审核填报的数量是否满足专业要求。种植业、畜禽养殖业数量以省级下达任务为准，秸秆、地膜、水产按照要求普查。例如，2019年第二季度为数据集中审核的重点时期，该时期各专业进行了大规模的审核、退回、修改（表2-1）。

表2-1　2019年第二季度各专业退回情况（统计截至2019年6月23日）

专题	退回数量（条）	退回数量占比（%）	退回未上报数量（条）
畜禽养殖业	67 601	98.89	1 190
地膜	13 728	36.39	133
秸秆	581	3.98	121
水产养殖业	1 586	5.34	0
种植业	121 432	37.30	1 104

2.5.1 GPS坐标验证

在进行抽样数据填报时，手机APP直接获取填报时的GPS位置，不允许修改，并且将信息直接以水印的形式标识在现场的照片上，主要包括经纬度、方位角、拍照时间、拍照用户名信息等。现场坐标和现场照片是按照《质量保证与质量控制工作方案》中“抽样点位GPS空间位置核查”“全程痕迹化管理”中的要求，在《畜禽养殖粪污处理调查表》的基础上添加的内容，填写纸质表时可以不填写现场坐标和照片。现场坐标和照片就相当于调查员现场打卡，用于表示真实地去过调查。现场坐标主要用于记录抽样调查员填写时的地理位置，要求抽样调查员现场获取；现场照片主要是用于记录抽调查痕迹，包括填写时位置、方位角、拍照时间、用户名等信息，要求现场至少拍摄一张照片（图2-30）。此规则中，会对填报数据的GPS进行校验，确保填报人员实地前往调查点进行填报。通过可视化手段，将坐标落在县域内，用于快速定位偏移数据。

图2-30 调查留痕

2.5.2 基于可视化图表的验证

通过聚类分析、直方图、散点图的方法，对数据进行横向校验，发现数据主要规律，找出离散数据（图2-31）。

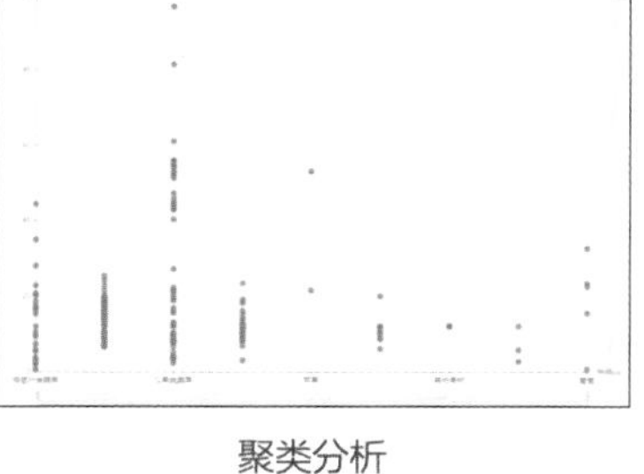

聚类分析

从数据离散性上发现异常

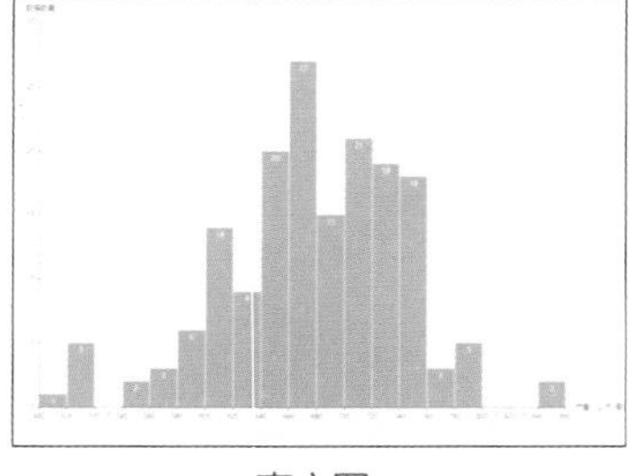
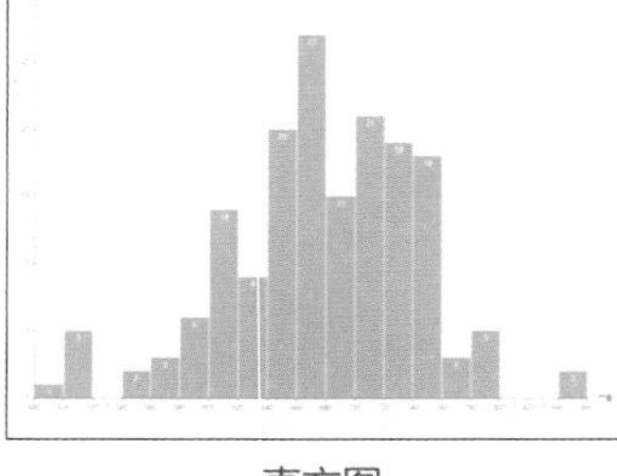

直方图

可用于发现单位填写错误的异常

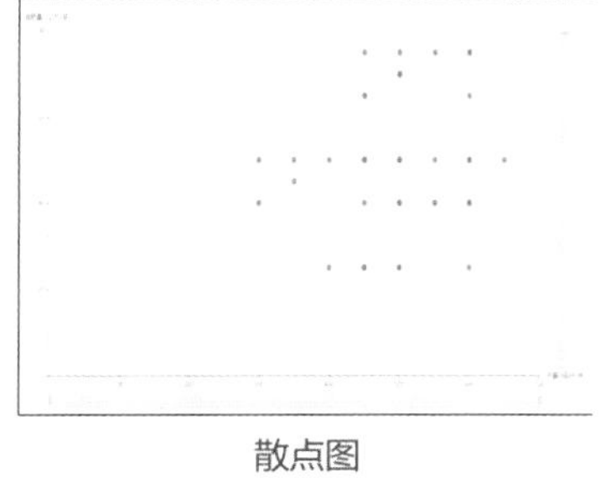

散点图

从数据的规律上发现异常

图2-31 可视化验证

2.5.3 关键指标验证

针对数据的关键指标，采用“机械 + 人工”审核的方案，先由机械找出可疑数据，再由人工对该数据进行审核，最后对异常数据进行原因询问和退回修改。机械校验规则如图2-32所示。

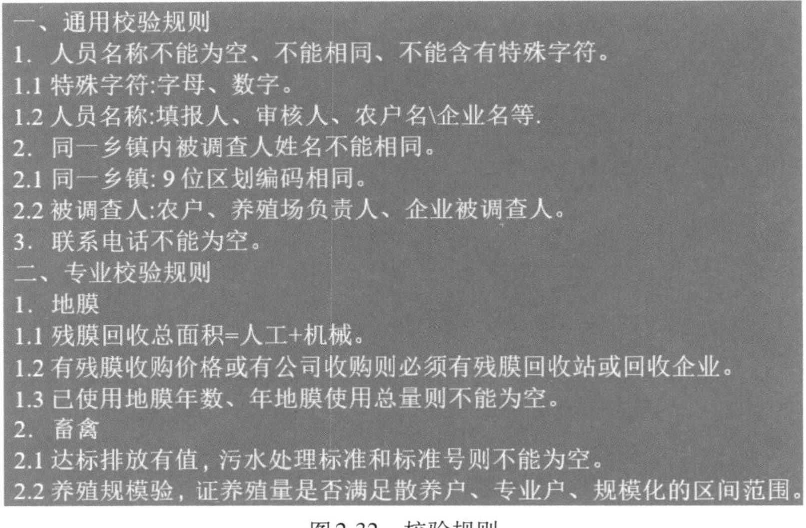

一、通用校验规则
1. 人员名称不能为空、不能相同、不能含有特殊字符。
1.1 特殊字符:字母、数字。
1.2 人员名称:填报人、审核人、农户名\企业名等.
2. 同一乡镇内被调查人姓名不能相同。
2.1 同一乡镇: 9 位区划编码相同。
2.2 被调查人:农户、养殖场负责人、企业被调查人。
3. 联系电话不能为空。
二、专业校验规则
1. 地膜
1.1 残膜回收总面积=人工+机械。
1.2 有残膜收购价格或有公司收购则必须有残膜回收站或回收企业。
1.3 已使用地膜年数、年地膜使用总量则不能为空。
2. 畜禽
2.1 达标排放有值，污水处理标准和标准号则不能为空。
2.2 养殖规模验，证养殖量是否满足散养户、专业户、规模化的区间范围。

图2-32 校验规则

2.6 农业污染源普查综合数据库管理及数据深度挖掘系统

建立农业污染源普查数据库，环保县级汇总数据、地理信息基础数据经过系统加工、汇总和整理，对数据归类对比分析，以确定调查数据的准确性和代表性，计算分析数据的科学性，得出种植业、畜禽养殖业、水产养殖业水污染排放量核算、地膜残留量和使用量核算、秸秆产生量和利用核算分析以及可视化展示。系统主要包括农业污染源普查综合数据管理、数据对比分析、区县农业污染源普查专业分析、农业污染源普查数据成果可视化子系统等。系统功能如图2-33所示，系统间业务流程如图2-34所示，系统界面如图2-35所示。

2.6.1 农业污染源普查综合数据管理

结合县级统计数据、种植业、畜禽养殖业、水产养殖业、地膜、秸秆六大主题数据，综合建库，维护更新，统一管理，以保证数据库的安全性和完整性，为系统搭建提供数据基础。数据量统计如表2-2所示。

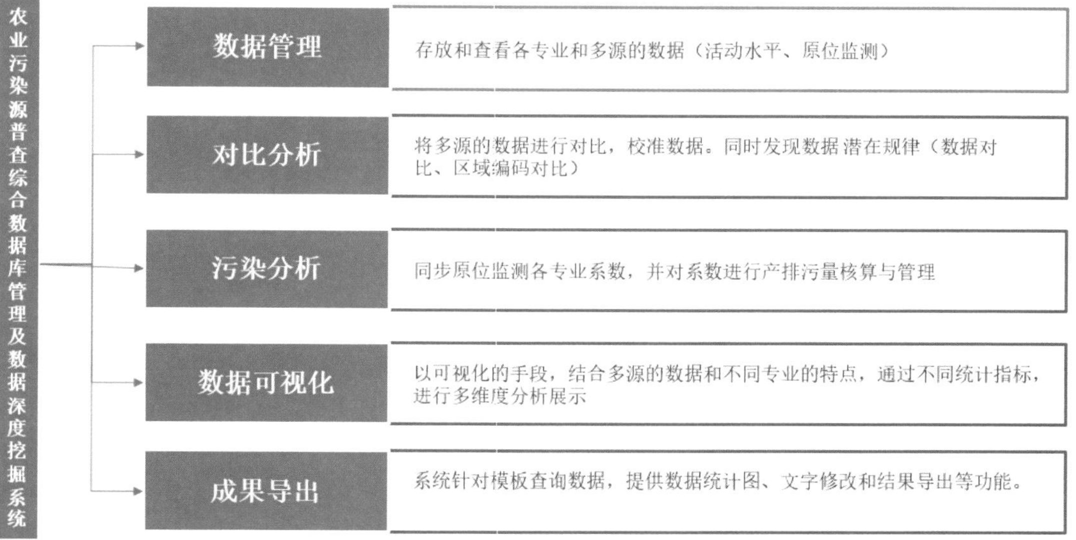

图2-33　农业污染源普查综合数据库功能模块

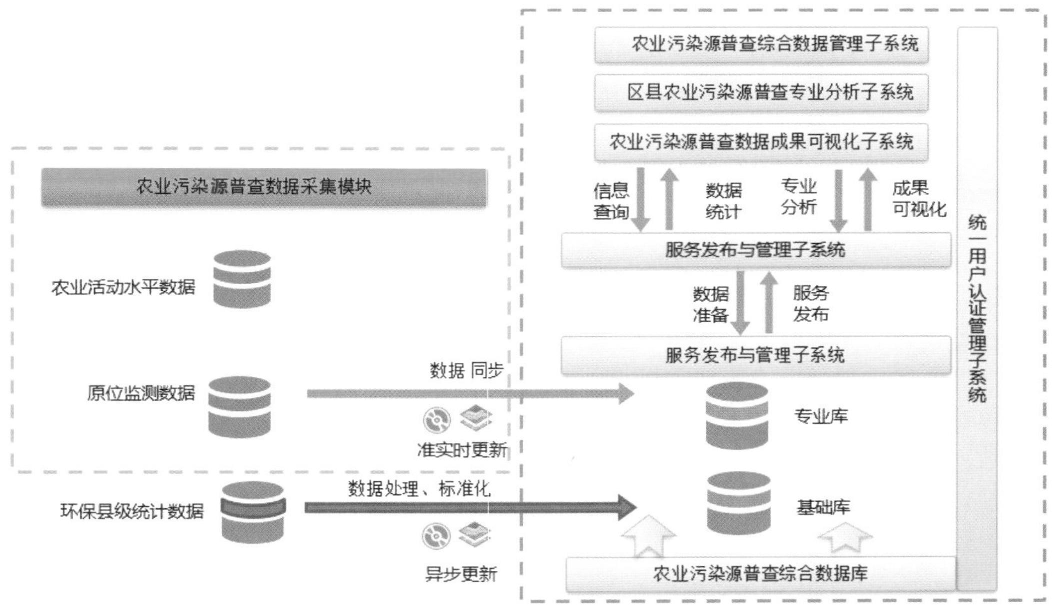

图2-34　农业污染源普查综合数据库业务流程

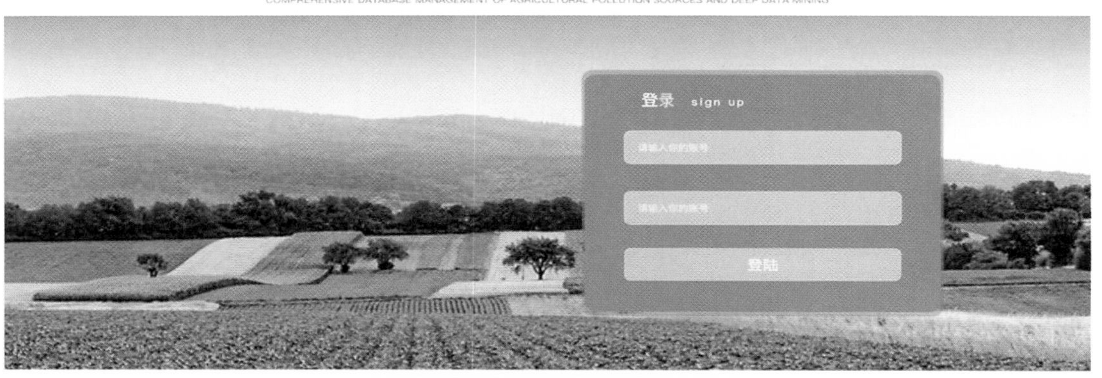

图2-35 农业污染源普查综合数据库登录界面

表2-2 数据采集情况汇总表

单位：张

环保县级统计数据	数据量	农业活动水平数据采集	数据量
种植业基本情况	2 790	种植业县级模式调查表	2 886
种植业播种、覆膜与机械收获面积情况	2 784	种植业典型地块抽样调查表	322 020
农作物秸秆利用情况	2 733	畜禽养殖粪污处理调查表	68 339
规模以下养殖户养殖量及粪污处理情况	2 723	抽样调查县水产养殖场（户）信息表	29 726
水产养殖基本情况	18 901（2 736）	农作物秸秆利用农户抽样调查表	14 583
		企业普查表	4 151
		乡镇地膜应用及污染调查表	3 911
		农户地膜应用及污染调查表	33 817

采用前后端分离的体系来进行系统构建，通过服务层对上层应用提供数据库访问服务。将多源的数据进行统一入库、统一管理，其特点是数据格式不统一、数据量较大。用户可在本模块对数据进行查看、筛选等操作。数据管理界面如图2-36所示。

图2-36　数据管理

2.6.2　数据对比分析

对生态环境部数据以及活动水平数据的五个专业的统计表数据进行双向校对分析，保证数据合理性和正确性，主要包括区域编码校对、不同数据源表间数据校对分析等。数据对比分析系统如图2-37所示。

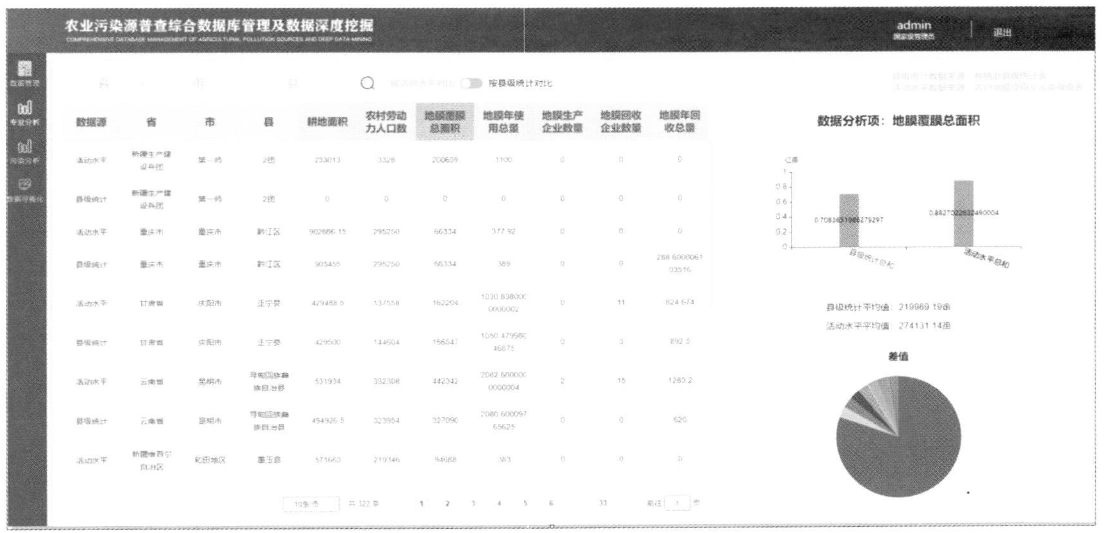

图2-37　数据对比分析

2.6.3 产排污核算

系统同步各专业产排污系数，并建立标准产排污系数库，为产排污量核算做准备。用户可在本模块对系数进行查看、筛选等操作（图2-38）。

图2-38 产排污系数核算

系统结合产排污系数与县级统计数据、根据各专业产排污量核算算法，计算每个专业的产排污量。同时，对产排污量进行建库，提供搜索、查看等服务，使用户能在此模块对产排污量进行管理（图2-39）。

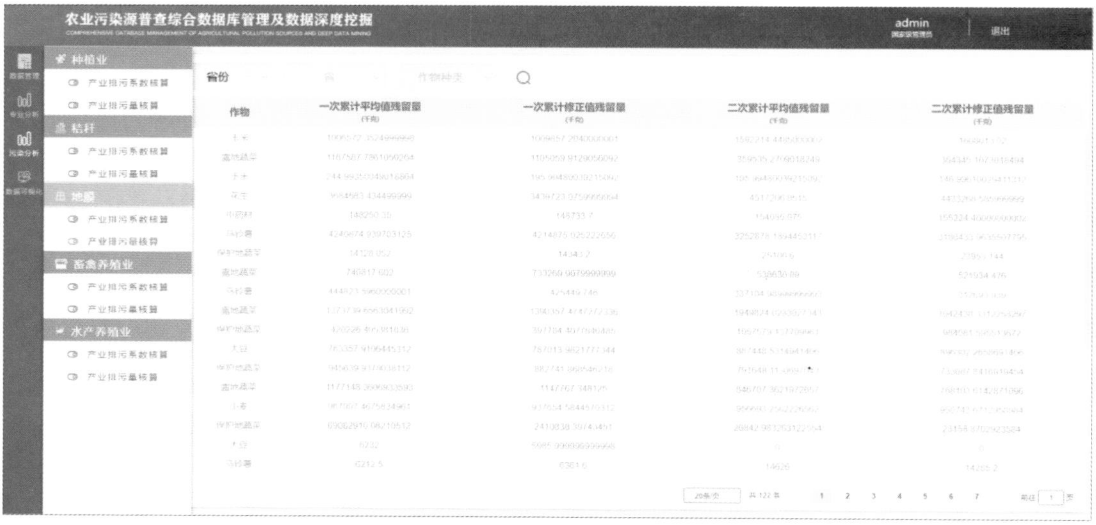

图2-39 产排污量核算

2.6.4 农业污染源普查数据成果可视化

整合种植业、畜禽养殖业、水产养殖业、秸秆、地膜在农业活动水平，原位监测工作中的产污系数、排污系数、产污量和排污量等数据的数量、比率面积、程度、时间等数据，制作成各种类型的农业污染源普查专题指标。基于地图查询监测信息，动态地显示不同区域的分布情况，结合图表可以将某一类或某几类数据进行统计，按采集点或区域形成饼图、直方图、颜色渐变图和专题图等。将农业污染源普查信息通过浏览器以电子地图的方式进行Web展示。将各种数据有效地组织起来，并根据其地理分布范围和图层内容特点建立适当的空间索引，实现地图查询、区域汇总、区域柱状图、区域表格、地图专题、地图热点等功能，进而可以快速调度任意空间范围的数据，达到对各种农业污染源普查专题图的无缝漫游。农业污染源普查数据成果可视化如图2-40所示。

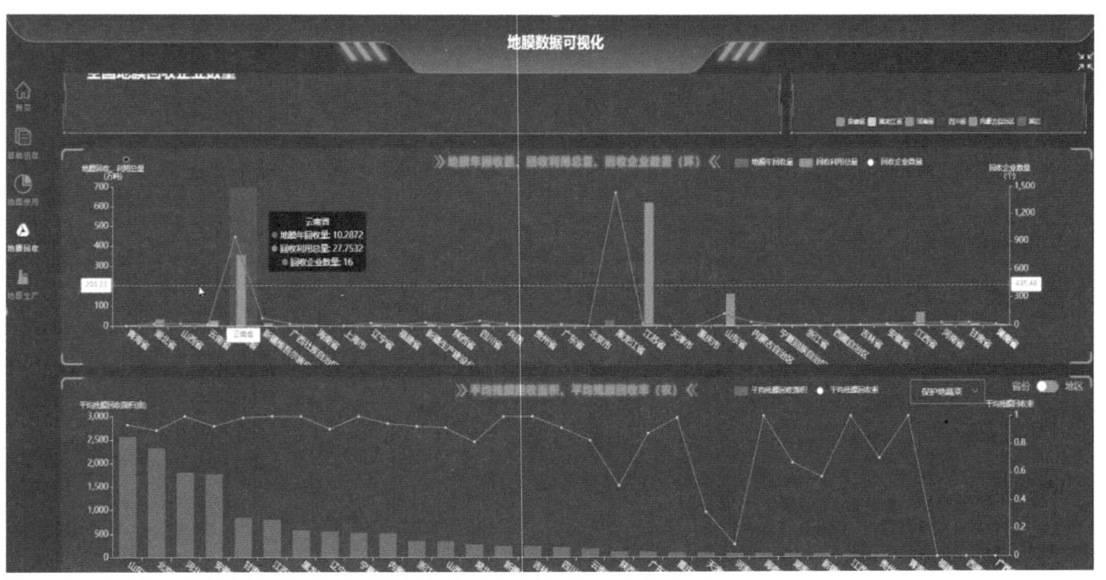

图2-40 成果可视化

2.7 农业污染源普查舆情系统

关注农业污染源普查的舆情，如农业污染源普查、农用薄膜管理办法、农业面源污染、农业清洁生产等，按照时间进行关注度趋势、正负面性分析，对热点文章进行跟踪、分析转载过程。舆情分析过程如图2-41所示，系统功能如图2-42所示。在农业污染源普查舆情系统中设置农业污染源普查舆情关键词，建立农业舆情数据库，通过舆情分析系统形成舆情分析报告（图2-43、图2-44）。

根据系统进行重要事件舆情分析报告，2020年6月10日国务院新闻办举行发布会，生态环境部、国家统计局、农业农村部共同发布《第二次全国污染源普查公报》。舆情监测和相关宣传如图2-45和图2-46所示。

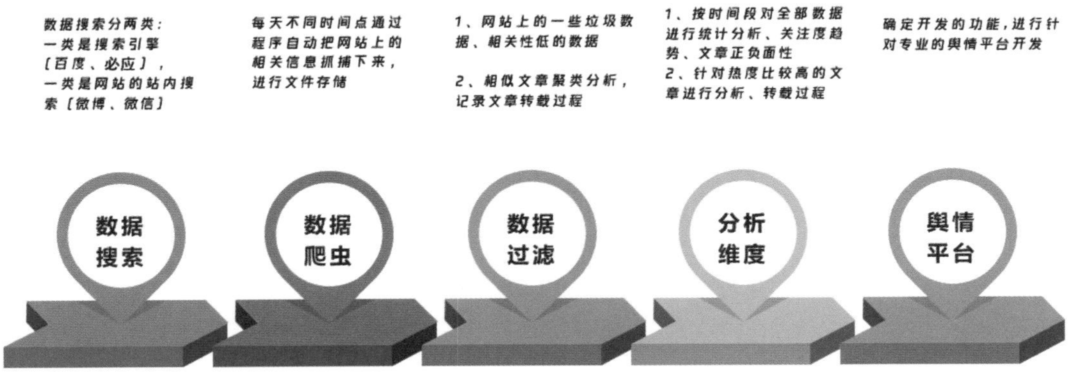

图2-41　舆情分析过程

图2-42　农业污染源舆情系统功能模块

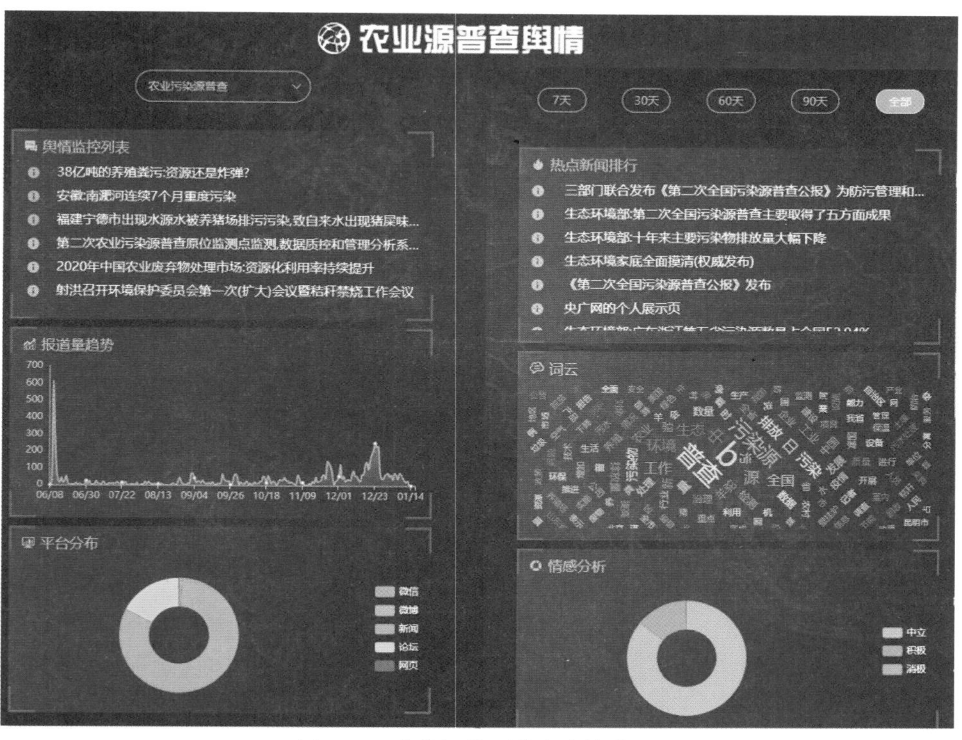

图2-43　农业污染源普查舆情监测

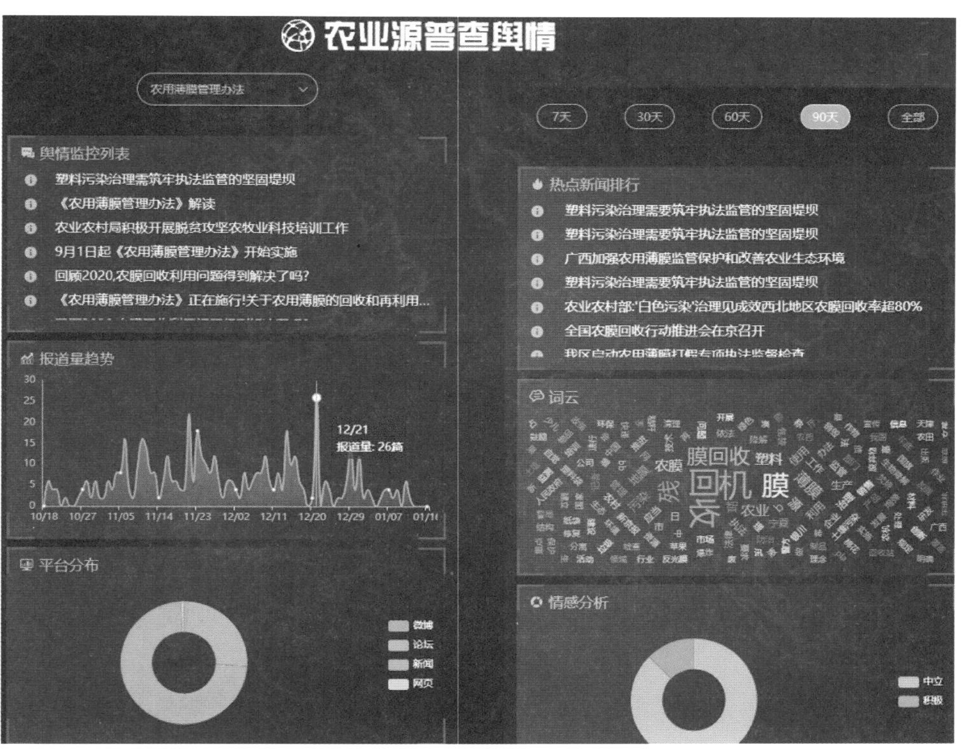

图2-44　农用薄膜管理办法舆情监测

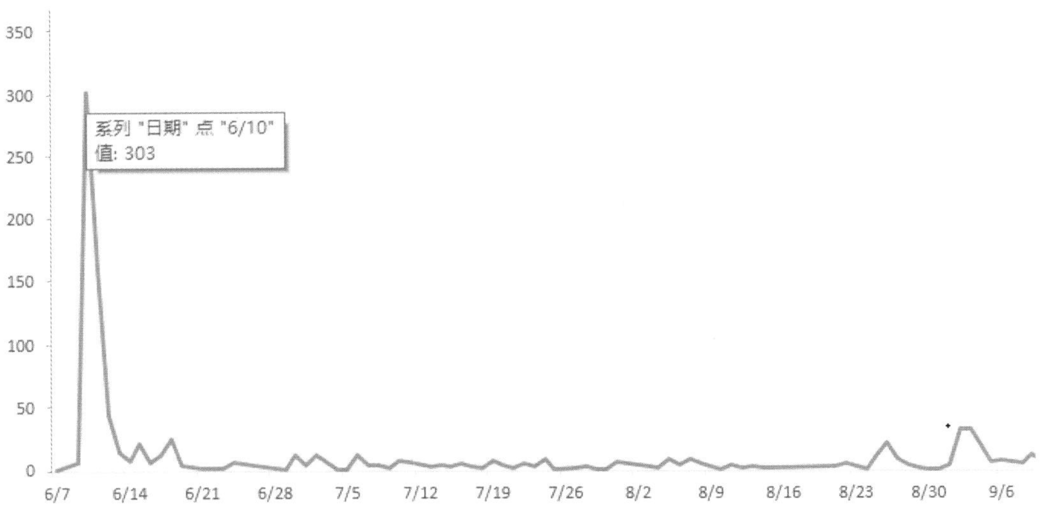

图2-45 《第二次全国污染源普查公报》舆情监测

《第二次全国污染源普查公报》新闻发布会的农业源相关宣传报道情况

序号	网站	标题	网址
1	新华网	从拼资源转向可持续发展——我国农业绿色发展新成效综述	http://www.xinhuanet.com/2020-06/10/c_1126097881.htm
2	光明日报	我国农业绿色发展成效显著	http://baijiahao.baidu.com/s?id=1669147212019613738&wfr=spider&for=pc
3	光明网	我国农业绿色底色越来越亮	http://baijiahao.baidu.com/s?id=1669164174063752582&wfr=spider&for=pc
4	光明网	化肥农药使用量连续三年负增长	http://baijiahao.baidu.com/s?id=1669164182536170997&wfr=spider&for=pc
5	光明网	我国农业绿色发展成效显著	http://news.gmw.cn/2020-06/11/content_33902498.htm
6	央视网	我国农业绿色发展处于起步阶段 需要持续发力久久为功	http://news.cctv.com/2020/06/10/ARTIZQxRXPgq1PF1U7m9M59H200610.shtml
7	央视网	农业源、生活源污染物排放等领域治理和监管的难度比较大	http://news.cctv.com/2020/06/10/ARTIelWAffjlozOsId4zjh0A200610.shtml
8	国新网	不断改善农业生态环境必须把绿色发展摆上突出位置	http://www.scio.gov.cn/m/xwfbh/xwbfbh/wqfbh/42311/43169/zy43173/Document/1682078/1682078.htm
9	中国日报网	农业农村部：农业污染排放量下降 绿色底色越来越亮	https://baijiahao.baidu.com/s?id=1669097082878039816&wfr=spider&for=pc
10	中国新闻网	农业农村部：农业污染排放量下降 绿色底色越来越亮	http://backend.chinanews.com/gn/2020/06-10/9208256.shtml

图2-46 《第二次全国污染源普查公报》相关宣传

2.8 农业污染源普查数据深度挖掘和成果展示系统

整合生态环境保护基础数据，建立区域管理基准年数据库，面向省、市、县管理单元，对全国农业污染情况进行现状分析，并结合环境因子等多要素对各级情况进行深度挖掘。综合整理第二次全国农业污染源普查成果数据，进行数据分类、抽取、汇总等工作，形成国家农业环境基础信息支撑，面向重点地区形成特色应用。把农业污染源普查成果转换成环境保护日常管理工作的应用平台，为各级生态环境保护工作提供基础支撑。系统功能如图2-47所示。

宏观展示农业污染源普查成果，便于对普查成果形成总体认识（图2-48）。

结合流域、区域、粮食先进县、养殖大县等信息，形成国家农业环境基础信息支撑，面向重点地区、流域形成特色应用。

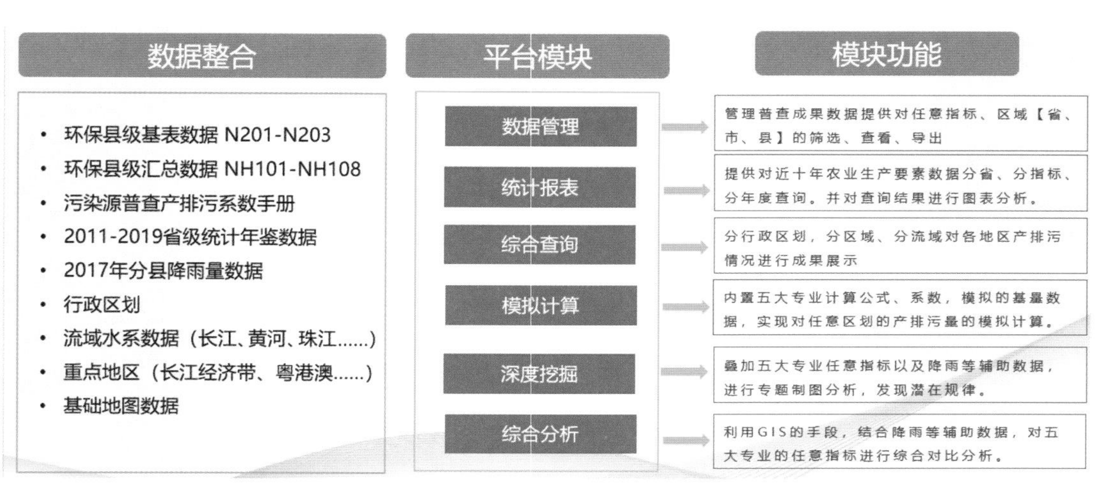

图2-47 系统功能模块

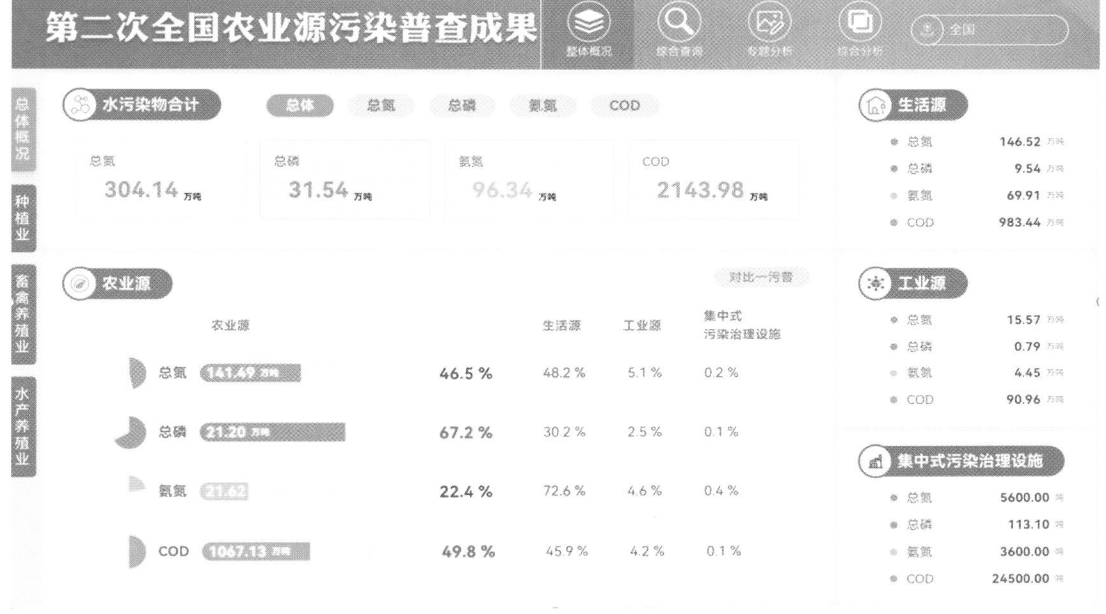

图2-48 宏观展示

3 总体建设方案

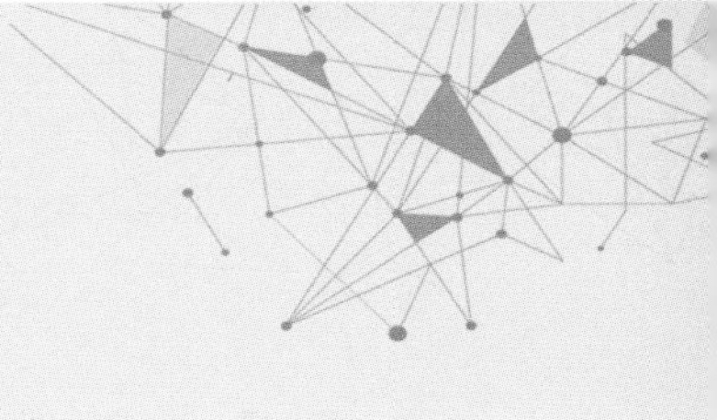

3.1 建设原则和策略

(1) 政府主导、多方参与。坚持各级党委和政府在农业污染源普查工作中的领导和主导地位，发挥组织领导、统筹协调等重要作用；充分调动行业、各级部门的积极性，强化多方参与，完善各方联动机制，加强区域协同、城乡协同、行业领域协同。

(2) 顶层设计、统一标准。以国家级系统建设为核心，强调顶层设计与布局，统一标准、要求，既保证顶层设计区分功能，又紧密联系互为补充；发挥各建设单位的优势与能动性，集约化建设形成合力，完善和发展普查数据采集体系。通过普查数据采集和管理系统一级部署五级应用，减轻基层信息化建设经费负担，实现统一的资源管控，统一的开发环境和标准，统一应用支撑，提高集约化和安全性。

(3) 资源融合、合作共赢。统筹内外部数据资源，推动普查相关信息资源互通共享，逐步形成普查成果应用和资源服务的共享融合，鼓励业务创新、管理创新、模式创新和大众创新的应用新格局，使各个部门共享项目建设成果。

(4) 立足已有、技术创新。依托已有的农业污染源普查数据报送体系，围绕打造全国一体化数据填报、审核、管理、应用信息平台的核心任务，进一步优化部省市县业务分工与布局。以全国农业污染源普查的需求为引导，引入“互联网+”、云计算、GIS、开放式框架等先进技术和理念，提升农业污染普查的科技创新水平。

3.2 建设目标

充分利用云计算、大数据、物联网、北斗定位等新技术，建立健全快速、精准、高效、共享的农业污染源普查数据报送体系，构建基于云架构的部、省、市、县一体化的农业污染源普查数据采集系统；打造农业源数据质量控制系统，构建了全流程质量控制体系，达到采集过程可追溯；建设农业污染源进度汇交系统，建成全过程数据协同、工作反馈督导体系；建设农业污染源普查舆情系统，实现舆情信息有效、快速的监测与管理；建成农业污染源普查数据深度挖掘和成果展示系统，形成国家农业环境基础信息支撑，为各级政府决策部门生态环境保护工作提供基础支撑。

打造基于云架构的农业污染源普查信息化支撑平台，提供混合云平台服务，为全国农业污染源普查业务运行与管理提供有效支撑。促进农业环境保护相关部门应用的集成创新，完善标准统一、分级管理、上下贯通、区域协同的工作机制，满足各级农业环境保护部门和基层组织的数据报送和应用的需求，形成“更快、更准、更好用”的普查数据采集与应用核心能力。

3.3 总体设计方案

3.3.1 架构设计的原则

在系统架构设计方面遵循以下原则。

（1）开放性。系统的业务覆盖面广，各不同系统间信息交换频繁，所以在技术架构和通信协议方面必须遵循通用的开发标准。采用开放的技术架构，即那些在制定过程中已对所有行业参与者公开的或已被公认的标准化机构所认可的准则。采用开放的通信协议，架构的服务器端可以接收基于HTTP协议的请求，凡是基于 HTTP 的协议都能够支持，并且支持HTTPS 安全协议。

（2）可扩展性。系统采用平台化设计，各平台完成不同领域的应用；平台中采用模块化设计，各功能模块完成不同的业务，模块之间信息共享，系统各功能模块耦合度小，根据用户的需要可分可合，适应业务发展需要。随着系统建设的推广，新的业务功能会陆续参与进来；随着系统使用面的推广，用户越来越多，并发访问量也将越来越大，因此系统架构应提供应用系统的可扩展性及应用系统所在物理结构的可伸缩性。应用系统的可扩展性，是指系统扩展时用户只需将新的应用功能组件部署在服务器上之后，修改可配置文件将应用功能组件加载入系统即可，不需修改系统架构的相关代码，不需重新编译系统即可完成业务的扩展。物理结构的可伸缩性，是指在不影响当前的服务质量和不需要对系统重新设计的情况下，系统对于当前的并发交易量应当能够通过简单地增加物理设备来增加系统的效率，扩展到满足应用的要求。

（3）灵活性。在系统的灵活性方面，系统采用组件化、方法库、工作流、规则引擎等设计方法，保证系统的可组装、可定义、可扩展、可调整，保证系统可以根据用户的需求方便定制，可以适应不同用户的要求，也可以针对用户的需求改变而及时调整。

（4）可集成性。系统建设必须通过网络或其他有效形式实现旧有系统与新建系统之间的业务资源和数据信息的传输、交换和共享，因此要求系统架构必须易于实现各不同系统的集成，提供灵活的集成接口。

（5）可维护性。系统建设包含的业务功能模块相对较多，使用面较广，所以系统架构应是易于理解、简洁、清晰的，便于系统维护人员对系统进行修正，便于功能扩充和二次开发。系统应能较好地支持热部署和热卸载功能，便于新模块的加载和老模块的维护。系统修改的影响范围是可控制的，系统代码风格良好、易于理解。

（6）可访问性。可访问性表现在让用户通过多种设备能够便捷地访问系统提供的服务。

（7）安全性。建设中数据安全至关重要，要求在通信安全、数据安全和用户授权方面必须有足够的安全保障。在通信安全性方面，对网络访问进行限制，并采用HTTPS通信协议对传输数据进行加密；在敏感数据安全性方面，由专业的加密模块完成对敏感数据的加密，加密模块应有完整、严谨的密钥管理和维护机制，确保密码系统的高强度。应用软件安全性方面，对使用系统的用户进行权限分级，加强对信息处理的安全保密等。

（8）合理性。合理性不仅要考虑本次建设的架构及技术上的合理性，还要考虑业务功能设计的合理性，考虑原有资源的合理再利用，考虑新旧系统的合理对接等方面。

3.3.2 总体架构

打造基于云架构的一体化农业污染源普查信息化平台。充分利用公有云和内网基础设施资源，在统一农业污染源普查标准规范体系与安全保障体系下，实现多层服务，为农业污染源普查工作提供系统支撑、技术支撑。建成“五层两网络”的系统架构：“五层”包括基础设施层、数据资源层、应用支撑层、业务应用层、用户展现层，用户可以在各个层级按需接入或者定制服务；“两网络”分别是互联网、业务内网。系统总体架构如图3-1所示。

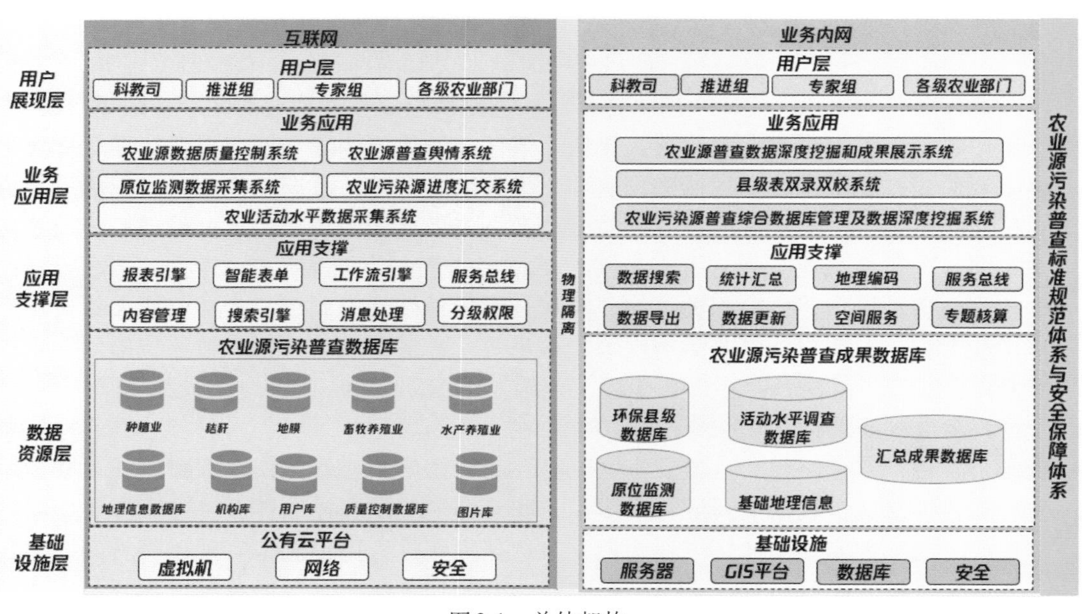

图3-1 总体架构

基础设施层为云平台提供网络、存储、计算能力和数据交换能力等软硬件资源的基础支撑服务。在互联网上租用公有云的虚拟机和对象存储，在业务内网通过生态总站硬件服务器构建，包括PostgreSQL数据、GIS软件等。

数据资源层为各种数据的汇聚、分发提供接口服务，对数据进行存储、组织与管理。在互联网上以普查统计调查和抽样调查的表格和现场照片为主，在业务内网以农业污染源普查成果数据为主。

应用支撑层是经过封装的、以用户个性化定制为主的形式提供服务。在互联网上主要利用工作流引擎和智能表单定制，在业务内网主要利用GIS平台构建地理信息空间信息服务。

业务应用层在互联网上包括农业活动水平数据采集系统、原位监测数据采集系统、农业污染源进度汇交系统、农业污染源普查舆情系统，在业务内网主要包括县级表双录双校系统、农业污染源普查综合数据库管理及数据深度挖掘系统、农业污染源普查数据深度挖掘和成果展示系统。

用户展现层为科教司、推进组、专家组、农业各级单位等提供平台应用，为各级政府决策者、管理人员、农业调查员、调查指导员提供终端应用服务。

3.3.3 系统功能

以农业污染源普查业务需要为出发点，以打造国家农业污染源普查信息化平台为目标，在对服务对象分类需求分析的基础上，凝练出平台功能，按照农业污染源普查的业务流程，将系统功能梳理设计为：

（1）**一体化农业污染源普查数据采集功能**。实现统一管理、集约布局，满足所有普查数据的采集，建立起一套可移动的信息系统，通过将业务系统扩展到移动终端的方式，帮助用户摆脱时间和空间的限制，使用户随时随地关联内网系统，获取所需任务与信息，按照普查标准化的工作流程，快速执行采集任务的填报工作，完成对文字、表单、图像、声音和位置信息的采集和实时传递，保证采集任务的快速构建和及时传输，摆脱地域性和网络资源设备的限制，实现精确、快捷、高效、可视化的数据采集模式。形成一套完备的移动应用系统，终端应用可完成数据录入、查询展示等功能，后台管理系统用于接收终端上报的采集数据、管理任务分类和派发、查看任务进展、信息反馈、数据统计、分析和展示以及工作监督等相关工作，实现县级统计、入户调查、抽样监测大规模的数据采集和上报。主要包括农业活动水平数据采集、畜禽养殖产排污系数原位监测、水产养殖业原位监测、秸秆产生量原位监测、地膜农田残留量原位监测。

（2）**全流程质量控制和业务协同功能**。在“数据填报”“数据上报”“数据入库”各个阶段中，进行“全流程、全要素、可追溯”的数据质量控制工作。即时审核，减少填报的逻辑错误，减少数据录入的再生错误。构建全流程质量控制体系，在工作组织、数据采集、上报、入库等关键环节层层把关，达到采集过程可追溯，实现过程管理，对野外作业现场进行实时监测，在发现问题时能够及时纠正解决。主要包括农业源数据质量控制系统、县级表双录双校系统。

（3）**普查信息辅助决策支撑功能**。整合生态环境保护基础数据，实现环保县级统计数据、农业活动水平、原位监测、普查成果数据、普查舆情数据、基础地理信息统一管理。建立区域管理基准年数据库，面向省、市、县管理单元，对全国农业污染情况进行现状分析，并结合环境因子等多要素对各级情况进行深度挖掘。综合整理第二次全国农业污染源普查成果数据，进行数据分类、抽取、汇总等工作，形成国家农业环境基础信息支撑，面向重点地区形成特色应用，把农业污染源普查成果转换成环境保护日常管理工作的应用平台，为各级生态环境保护工作提供基础支撑。主要包括农业污染源进度汇交系统、农业污染源普查舆情系统、农业污染源普查综合数据库管理及数据深度挖掘系统、农业污染源普查数据深度挖掘和成果展示系统。系统功能如图3-2所示。

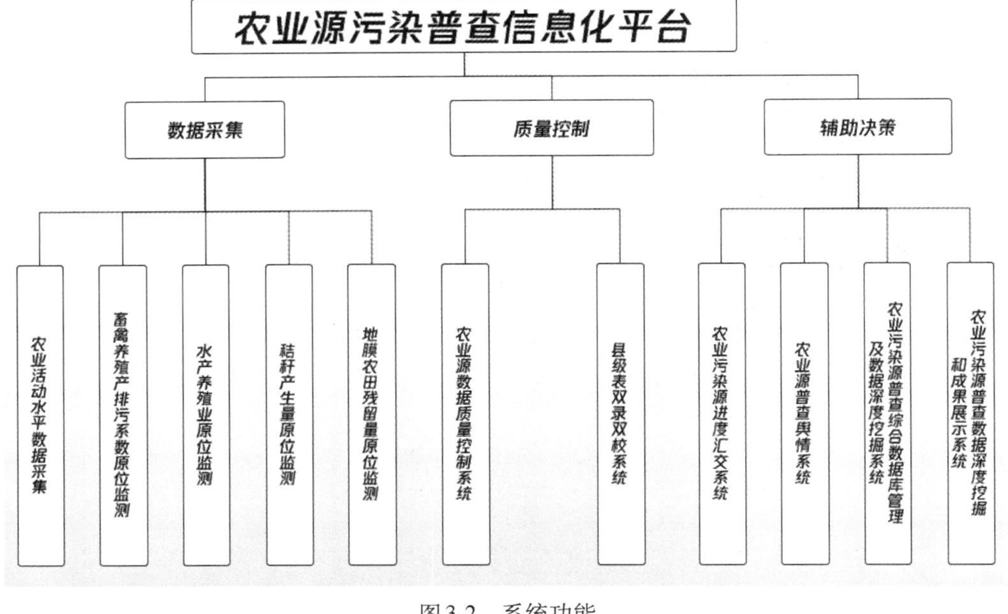

图3-2 系统功能

3.3.4 技术架构

技术架构分为集成架构部分和技术架构部分。

（1）集成架构部分。集成架构采用两个维度的划分策略。纵向维度上，将复杂的系统通过组件和模块化的思路简单化，并通过微服务的方式实现功能的整合。横向维度上，将业务、技术分离，将多种业务规则和稳定的业务逻辑分离，实现系统在业务和技术两大方面的可扩展性。

集成架构采用微服务框架将烟囱式的业务应用系统能力打散、拆分、整合成数据填报服务、数据传输服务、表单服务、报表服务、工作流审批服务、数据搜索服务、数据更新服务、数据导出服务、数据分析服务、地理信息服务、权限服务、日志服务等基本服务，通过服务总线统一进行服务管理。

集成架构为部、省、市、县、两员五级联动提供稳固支撑，业务系统一目了然。提供统一集成规范，新扩展业务系统开发成熟后，统一注册到架构中调度编排，资源统一规划，应用统一入口。

（2）技术架构部分。架构按照插件化设计理念，基于“微服务+容器”技术架构搭建（图3-3）。

①在数据接入层，建立统一的数据汇集引擎，支持NAS文件共享、HTTP等接口调用，实现多源普查数据的汇集。

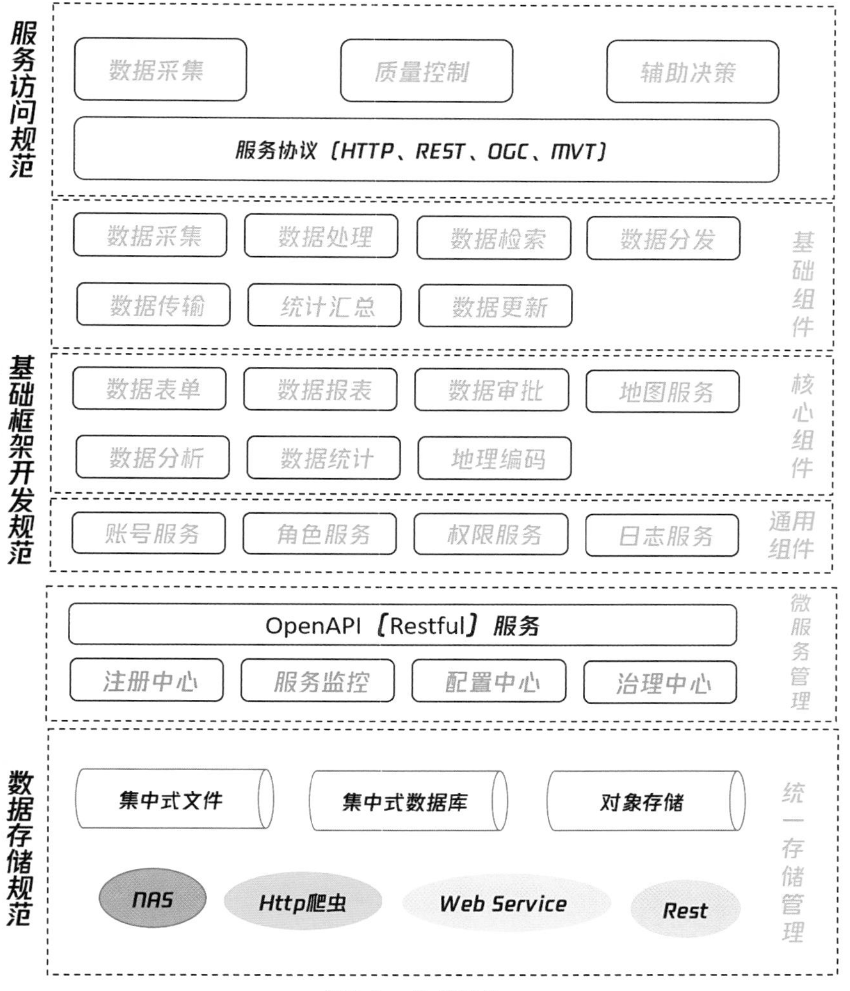

图3-3 技术架构

②在数据存储层，采用大数据存储架构，提供集中式文件、集中式数据库、对象存储等多种存储方式支持，满足海量异构数据的统一存管需求。

③在基础框架开发层，采用领域模型设计理论，将微服务设计划分为基础组件、核心组件、通用组件。其中基础组件包括数据采集、数据处理、数据检索、数据分发、数据传输、统计汇总、数据更新；通用组件包括账号服务、权限服务、角色服务、日志服务；核心组件包括数据表单、数据报表、数据审批、地图服务、数据分析、地理编码；支持横向扩展，理论上可以无限扩展（在服务器充裕的情况下）。服务采用容器技术(Docker)管理及发布。

④在微服务层，通过注册中心、配置中心、治理中心、服务监控模块对微服务进行集中管理，通过标准Restful接口提供服务。

⑤在访问服务层，遵循数据标准规范，支持HTTP、REST、OGC、MVT等多种协议；提供一系列服务能力，通过提供标准化数据集服务接口为农业污染源普查系统的调用服务。

3.3.5 硬件架构

农业污染源普查信息化平台主要依托互联网和业务内网进行建设。互联网区在公有云租用ECS公网服务器14台，OBS对象存储2T，内容分发网络CDN 1套，地理信息空间数据库1套。业务内网有2台内网服务器、1套GIS平台软件、1套主机安全标准版组件、1套地理信息空间数据库。

内网服务器和公网服务器属于并行关系，各类业务数据可以通过Web浏览器录入和查询，不同网络环境下的用户分别访问其分配的服务器。内网服务器和公网服务器物理隔离，内网服务器和公网服务器的数据将离线拷贝进行同步，最终实现所有数据的集中管理。硬件架构如图3-4所示。

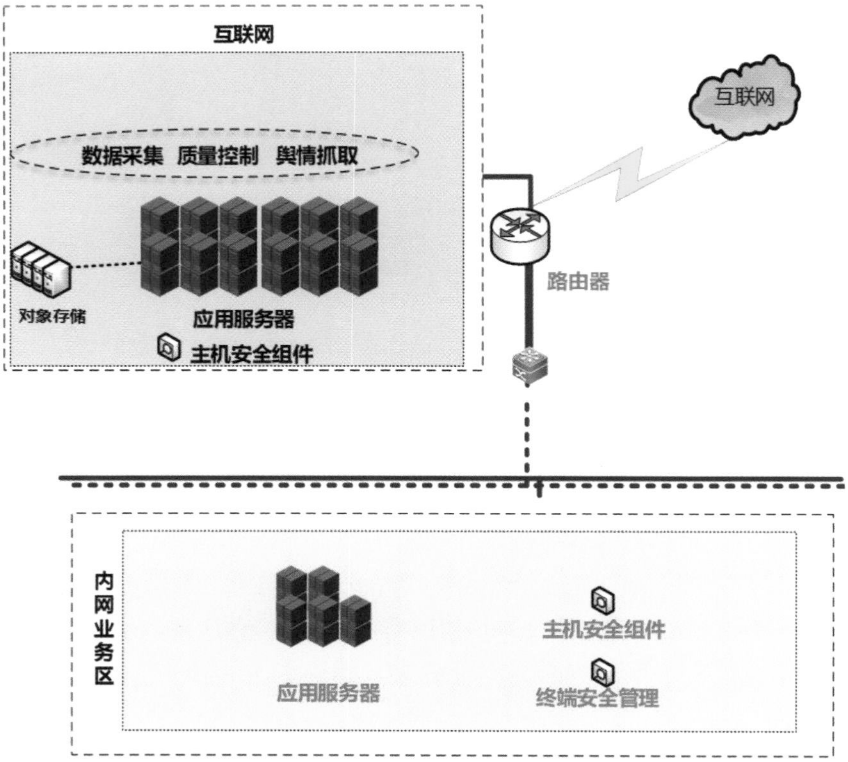

图3-4　硬件架构

3.3.6 系统部署

系统采用“一级部署五级应用”方式进行部署（图3-5）。

（1）互联网系统。在国家级部署农业活动水平数据采集系统、原位监测数据采集系统、农业污染源进度汇交系统、农业污染源普查舆情系统，实现农业污染源普查入户调查、原位监测数据采集、质量控制以及普查舆情收集。“一个数据中心，多个应用系统”的部署模式，减轻了基层信息化建设经费负担，实现了数据上报后各层级、各专业的数据审核、质检在同一平台实现，提高了数据采集、数据处理和协同工作的效率。

（2）业务内网系统。在国家级部署县级表双录双校系统、农业污染源普查综合数据库管理及数据深度挖掘系统、农业污染源普查数据深度挖掘和成果展示系统，实现辅助决策、综合业务管理。

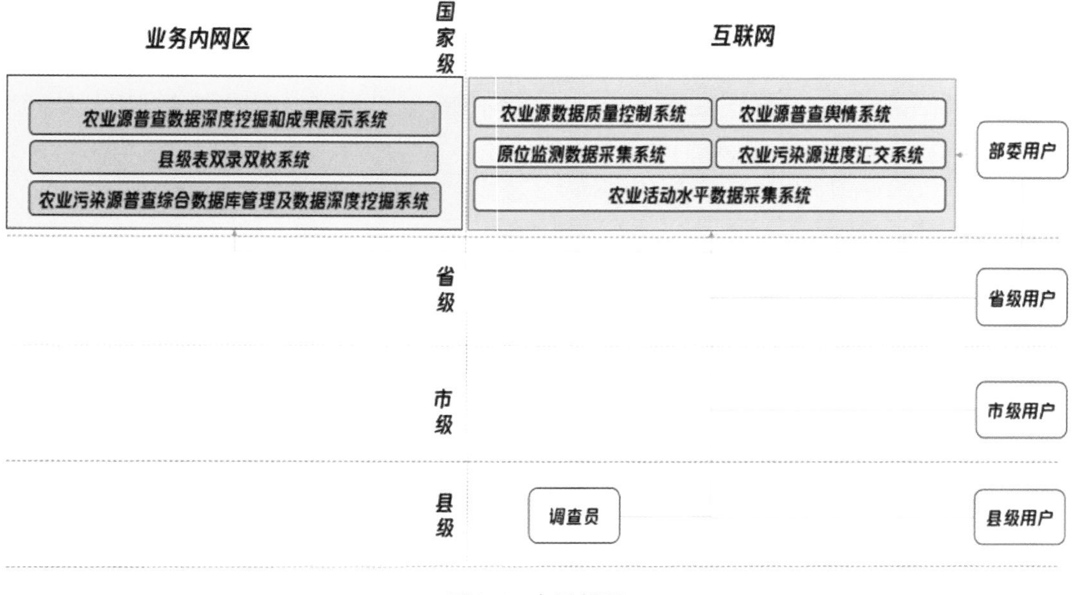

图3-5 应用部署

3.4 主要技术路线

3.4.1 Web Service技术

Web Service技术能够建立面向多功能服务的体系结构，其中定义了一组标准协议，用于接口定义、方法调用、基于Internet的构件注册以及各种应用的实现。Web Service以技术栈的形式规范了Web Service体系中的各类关键技术，包括服务的描述、发布、发现以及消息的传输等。

（1）简单对象访问协议（SOAP）。SOAP被定义为一种使用XML在对等计算机之间传输结构化和类型化数据的小型协议。它并不要求使用HTTP协议，甚至不要求使用请求/响应类型的会话，它可以与任何支持从发送方到接收方的XML数据传输的协议一起使用。SOAP的主要用途在于提供一种打包消息数据的通用方法，SOAP可以使用现有的基于TCP/IP的应用协议层HTTP、SMTP、POP3等来获得与现有的网络通信协议最大程度的兼容。SOAP本身不定义任何应用语义，它只定义了通过使用一个模块化的包装模型和对模块中特定格式编码的数据的重编码机制来表示应用语义，这使得SOAP可以被很多类型的系统用于从消息系统到RPC的延伸。SOAP的主要设计目标是简明性和可扩展性，其中简明性主要表现在整个SOAP规范定义的消息结构非常简单，而除了这个基本消息结构外，

SOAP没有定义任何额外的表述结构标准和编码格式，也没有定义自己的传输协议；可扩展性主要表现在SOAP可以使用任意的模式定义方式来定义内部传输内容的结构，可以与任意的网络传输协议联合使用来完成传输过程。

（2）Web服务描述语言（WSDL）。WSDL（Web Service Description Language）是基于XML的用机器能阅读的方式提供的一个正式描述文档。WSDL定义了一种XML语言，将Web服务描述为能够进行消息交换的通信端点的集合，从而以结构化的方式对Web服务中的消息通信加以描述。WSDL服务定义为分布式系统提供了文档，并且可用于自动执行应用程序通信中所涉及的细节。WSDL把Web服务定义为网络端点的集合，它有一个根元素，用类型（Types）、消息（Message）、端口类型（Port type）、绑定（Binding）、端口（Port）和服务（Service）等元素来定义Web服务。其中，“类型”是消息的数据类型定义，通常用来描述交换消息；“消息”代表待传输数据的抽象定义，由一个或多个部分组成；“端口类型”表示抽象操作的集合；“绑定”为由特定Port type 定义的操作和消息指定具体的协议和数据格式规范，绑定必须明确指定一个协议，WSDL定义了HTTP协议绑定，但通过绑定扩展可加入其他的协议，绑定扩展元素可指定输入消息、输出消息、错误消息的具体语法，还可指定每个操作的绑定信息和每个绑定的信息；“端口”指定一个用于绑定的地址，由此定义一个通信端点；“服务”则是相关端口的集合。在WSDL中，端点和消息的抽象定义与具体的网络布置和数据格式绑定是相互分离的，这样就可以抽象定义消息和端口类型，实现它们的重用。

（3）统一发现描述规范（UDDI）。UDDI（Universal Discovery，Description，Integration）规范由Microsoft、IBM、Ariba三家公司在2000年7月提出。UDDI是Web Service的信息注册规范，以便被需要该服务的用户发现和使用它。通过UDDI，Web Service可以真正实现信息的“一次注册，到处访问”。服务发现是基于服务发布的，如果Web Service没有或不能被发布，那么它就不能被发现。

（4）Web Service体系结构。Web Service体系结构基于三种角色（服务提供者、服务注册中心和服务请求者）之间的交互。交互具体涉及到发布、查找和绑定操作，这些角色和操作一起作用于Web Service构件，即Web Service 软件模块及其描述。在典型情况下，服务提供者提供可通过网络访问的软件模块，定义Web Service 的服务描述，并把它发布到服务请求者或服务注册中心。服务请求者使用查找操作从本地或服务注册中心搜索服务描述，然后使用服务描述与服务提供者进行绑定，并调用相应的Web Service实现交互。

3.4.2 J2EE技术

J2EE（Java 2 Platform，Enterprise Edition）是一种利用Java 2平台来简化企业解决方案的开发、部署和管理相关的复杂问题的体系结构，是一个基于组件的体系结构，定义了一套标准来简化多层分布式企业应用程序的开发，定义了一套标准化的组件，并为这些组件提供了完整的服务。J2EE 的标准体系架构将表示逻辑、业务逻辑与数据逻辑相分离，使系统的并行操作、网络计算能力大为提高，系统的整体性能得以优化，并采用先进的软件分层设计思想，支持基于框架的开发，降低开发难度和成本，同时降低组件的耦合度，极大地增强软件的可维护性、可扩展性，满足大型管理信息系统的要求。

J2EE技术能够提供对开发、部署、运行和管理基于Java分布式应用的标准平台支持，并支持EJB、Java Servlet、JSP等技术。J2EE使用EJB Server作为业务组件的部署环境，并提供多种组件服务，如组件生命周期的管理、数据库连接的管理、分布式事务的支持和组件的命名等服务。J2EE的技术优势是：具有Java语言的跨平台性、可移植性、内存管理等性能，从而使应用服务器具有一个完整的底层框架。J2EE中能为应用服务器提供JSP和Servlet容器、EJB容器、JDBC、JNDI（名字目录服务）、JTS/JTA（事务服务）、JMS（消息服务）等多种服务支持，可以通过Java Servlet或者JSP调用运行在EJB Server中的EJB流程组件，也可以通过IIOP直接访问运行在EJB Server中的流程组件。

3.4.3 微服务架构

微服务架构是一种架构模式，它提倡将单一应用程序划分成一组小的服务，服务之间互相协调、互相配合，为用户提供最终价值。通信方式是每个服务运行在其独立的进程中，服务与服务间采用轻量级的通信机制互相沟通（通常是基于HTTP的RESTful API）。微服务是一种架构风格，一个大型复杂软件应用由多个微服务组成。系统中的各个微服务可被独立部署，各个微服务之间是松耦合的。每个微服务仅关注于完成一件任务。把原来的一个完整的进程服务，拆分成两个或两个以上的进程服务，且互相之间存在调用关系，与原先单一的进程服务相比，就是“微服务”。微服务架构的优势体现在：

①可扩展性。在增加业务功能时，单一应用架构需要在原先架构的代码基础上做比较大的调整，而微服务架构只需要增加新的微服务节点，并调整与之有关联的微服务节点即可。在增加业务响应能力时，单一架构需要进行整体扩容，而微服务架构仅需要扩容响应能力不足的微服务节点。

②容错性。在系统发生故障时，单一应用架构需要进行整个系统的修复，涉及代码的变更和应用的启停，而微服务架构仅仅需要针对有问题的服务进行代码的变更和服务的启停。其他服务可通过重试、熔断等机制实现应用层面的容错。

③技术选型灵活。微服务架构下，每个微服务节点可以根据完成需求功能的不同，自由选择最适合的技术栈，即使对单一的微服务节点进行重构，成本也非常低。

④开发运维效率更高。每个微服务节点都是一个单一进程，都专注于单一功能，并通过定义良好的接口清晰表述服务边界。由于体积小、复杂度低，每个微服务可由一个小规模团队或者个人完全掌控，易于保持较高的可维护性和开发效率。

Spring Cloud是目前最流行的微服务开发框架。并不是采用了Spring Cloud框架就实现了微服务架构，具备了微服务架构的优势。正确的理解是使用Spring Cloud框架开发微服务架构的系统，使系统具备微服务架构的优势（Spring Cloud就像工具，还需要“做”的过程）。Spring Cloud是一系列框架的有序集合。它利用Spring Boot的开发便利性巧妙地简化了分布式系统基础设施的开发，如服务发现注册、配置中心、消息总线、负载均衡、断路器、数据监控等，都可以用Spring Boot的开发风格做到一键启动和部署。Spring Cloud并没有重复制造轮子，它只是将各家公司开发的比较成熟、经得起实际考验的服务框架组合起来，通过Spring Boot风格进行再封装，屏蔽掉了复杂的配置和实现原理，最终给开发者留出了一套简单易懂、易部署和易维护的分布式系统开发工具包。

3.4.4 “云+端”技术架构

随着移动互联网发展，泛终端就是无处不在的、有形或无形的终端，它已突破传统终端的概念，从PC、手机等传统终端形式向可穿戴设备、智能家居、车联网等越来越多样化的形式延伸，泛终端体现的是无微不至的感知与服务。

在大数据时代，泛终端是大数据的重要输入输出口，一方面大数据的需求推动泛终端的演进；另一方面泛终端的演进也促进大数据应用的发展。同时，随着云计算和虚拟化技术的发展，终端通过承载管道逐步向云端延伸，将复杂的大数据计算、庞大的大数据存储等都移向云端来处理，终端“瘦”下去了，云端数据变“大”了，同时也提高了用户体验，因此泛终端与云计算和大数据的深度结合将是大势所趋，预计未来几年内，将有更多的泛终端应用基于云端提供，为大数据的应用提供天然的便利条件。

基于位置、时间、跨平台、多终端的用户交互服务，将极大提高数据获取的时效性、精准性。移动终端采用M/S架构组建前端数据采集系统，提供录入、拍照、定位等多种手段采集数据，通过有线网络上传下载业务流程所需数据。核心是移动终端上的数据获取与采集。云端后台管理系统采用B/S架构组建，内外网隔离，保证内外网之间信息交互的安全性、可靠性、及时性，为用户提供丰富、可靠的管理和数据支持（图3-6）。

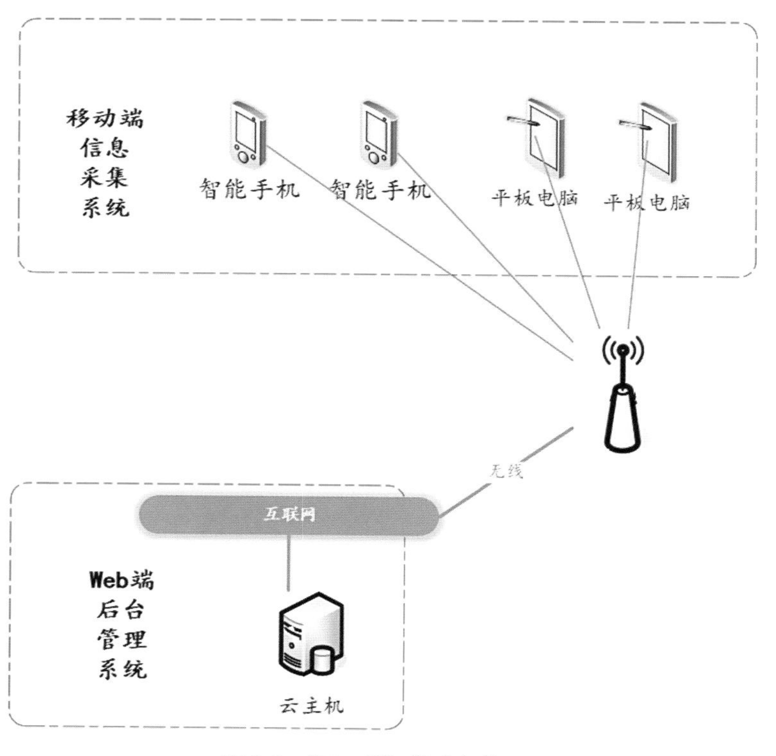

图3-6 “云+端”技术架构图

3.4.5 PostGIS空间数据模型管理和存储空间数据

在传统的第一代地理信息系统（GIS）实现中，所有的空间数据都存储在平面文件中，需要专门的GIS软件来解释和操作这些数据。这些第一代管理系统旨在满足用户的需求，其中所有所需的数据都在用户的组织领域中，它们是专为处理空间数据而构建的专有的、独立的系统。第二代空间系统将一些数据存储在关系数据库（RDBMS）中（通常是“属性”或非空间部分），但仍然缺乏直接集成所具有的灵活性。真正的空间数据库诞生于人们开始把空间特征当作第一级数据库对象的时候。

空间数据库将空间数据和对象关系数据库（Object Relational Database）完全集成在一起，实现从以GIS为中心向以数据库为中心的转变。由于空间数据具有空间位置、非结构化、空间关系、分类编码、海量数据等特征，一般的商用数据库管理系统难以满足要求。为了提高数据库管理系统（DBMS）对空间数据的管理能力，国内外先后出现过文件与关系数据库混合管理系统、全关系型空间数据库管理系统、关系型数据库+空间数据引擎、扩展对象关系型数据库管理系统、面向对象空间数据库管理系统等多种解决方案。目前，国内外较为流行的主要集中在“关系型数据库+空间数据引擎”“扩展对象关系型数据库”两方面。

“关系型数据库+空间数据引擎”是近年来由GIS厂商研发的一种中间件解决方案。用户将自己的空间数据交给独立于数据库之外的空间数据引擎，由其组织空间数据在关系型数据库中的存储；当用户需要访问数据的时候，再通知空间数据引擎，由引擎从关系型数据库中取出数据，并转化为客户可以使用的方式。因此，关系型数据库仅仅是存放空间数据的容器，而空间数据引擎则是空间数据进出该容器的转换通道。其优点是访问速度快，支持通用的关系数据库管理系统，空间数据按BLOB存取，可跨数据库平台，与特定GIS平台结合紧密，应用灵活。其缺点主要表现为空间操作和处理无法在数据库内核中实现，数据模型较为复杂，扩展SQL比较困难，不易实现数据共享与互操作。

目前开源空间信息软件领域性能最优秀的数据库软件当属PostgreSQL数据库，而构建在其上的空间对象扩展模块PostGIS则使得其成为一个真正的大型空间数据库。PostGIS在对象关系型数据库PostgreSQL上增加了存储管理空间数据的能力，相当于Oracle的spatial部分。PostGIS通过向PostgreSQL添加对空间数据类型、空间索引和空间函数的支持，将PostgreSQL数据库管理系统转换为空间数据库。因为PostGIS是建立在PostgreSQL之上的，所以PostGIS自动继承了重要的“企业级”特性以及开放源代码的标准。可以说PostGIS仅仅只是PostgreSQL的一个插件，但是它将PostgreSQL变成了一个强大的空间数据库。

3.4.6 工作流技术

根据业务系统的特点，系统建设支持工作流技术，同时也建立与第三方工作产品的扩展接口。工作流技术主要功能如下：

（1）流程控制。

①流程定义。对于一段时间保持相对稳定的业务流程，使用流程定义子模块定义其

各环节的人员组成。业务进入这种处理方式之后会自动按照预先定义的流程一次处理。考虑到多人同时处理同一环节的实际情况，可以制定本环节有决定权的人，用于处理某环节处理成员因外出等原因无法参与处理或者某环节处理成员使用其他手段参与了处理过程，当发生这种情况时，本环节有决定权的人可以提前终止本环节处理，直接进入下一处理环节。由于实际的办公过程具有灵活多变的特点，工作流具有对无法固定流程的业务进行处理的能力，针对这类业务，系统提供根据需要随时制定（Decide on Demand）的处理模式：由当前业务处理人决定下一个环节业务处理人员组成，同时，系统自动整理整个处理过程中的各种信息。

②流程转换。实际工作中，业务负责人可能需要将业务从固定流程处理模式转入到根据需要随时制定模式，流程转换子模块可以满足这种需要。

③流程监控。提供对业务流程过程的监控能力，通过流程监控模块可以了解当前业务所在的环节及状态。

④信息整理。信息整理子模块负责对用户处理业务的信息进行整理，自动提醒待办业务，自动整理已办业务。

（2）**工作流定制**。对各类公文与文档（包括单位取得的各项产品、各种研究成果、各项规章制度、各种标准文档模板、有关论文资料等）能够按权限进行分类保存、共享、查询和使用。对公文的处理、收发文、各种审批、请示、汇报等流程化的工作，通过实现工作流程的自动化，规范各项工作，实时监控、跟踪流转过程，解决多岗位、多部门之间的协同工作问题，提高单位协同工作的效率，实现高效率的协作。由于其核心技术较为繁杂，本处仅对各实现的技术模块进行阐述。

①公文定制。公文管理主要负责公文的发送与接受工作，发送流程按照流程定制来完成，所以还包括流程定制功能。

②表单定制。表单定制是一个辅助性模块，基本上其他所有模块都有可能用到它的功能，它主要是实现表单模板的定制及表单的存储、打印等功能。

3.4.7 采用B/S和M/S结合的模式构建应用系统

基于B/S架构开发Web端在线管理系统，基于M/S架构开发移动端采集系统，服务端基于J2EE开发环境采用REST Web Service技术封装各类信息及功能的服务接口进行通信，浏览器端采用JavaScript进行开发并提供良好的用户体验和展示效果。

（1）**B/S架构**。B/S架构无须在不同的客户机上安装不同的客户应用程序，只需安装通用的浏览器软件，不但可以节省客户机的硬盘空间与内存，而且使软件安装过程更加简便，网络结构更加灵活。B/S 架构简化了系统的开发和维护。系统的开发者无须再为不同级别的用户或操作系统设计开发不同的客户应用程序，只需把所有的功能都实现在Web 服务器上，并就不同的功能为各个组别的用户设置权限即可；各个用户通过 HTTP请求在权限范围内调用Web服务器上不同处理程序完成对数据的查询或修改。B/S架构的维护具有更大的灵活性。当需求变化时，无须为每一个现有的客户应用程序进行升级，只需对Web服务器上的服务处理程序进行修订。这样不但可以提高运作效率而且省去了维护时协调工作的麻烦，尤其在系统终端数量较多且分布在不同地点的情况下，B/S系统架构维护的便捷性更加突出。

此外，采用B/S模式时，客户端只需使用简单易用的浏览器软件，无论是决策层还是操作层的业务人员都无须技术培训就可以直接使用各项软件功能。由于B/S架构是通过Web相应的方式来完成信息交互的，并且是同步方式，且页面采用动态更新模式，因此在数据处理、响应速度方面要慢于C/S架构。同时B/S架构将所有业务功能都实现在服务器端，因此较难实现一些个性化的需求。

（2）C/S架构。C/S架构是一种典型的两层架构。此种架构可以充分利用客户端和服务器端两端的硬件环境，将任务合理分配到客户端和服务器端实现，降低了系统的通信开销。客户端包含一个或多个在用户的电脑上运行的程序。服务器端有两种，一种是数据库服务器端，客户端通过数据库连接访问服务器端的数据；另一种是Socket服务器端，服务器端的程序通过Socket与客户端的程序通信。C/S架构也可以看作胖客户端架构，因为客户端需要实现绝大多数的业务逻辑和界面展示。这种架构中，客户端部分需要显示的逻辑和事务处理都包含在其中，通过与数据库的交互（通常是SQL或存储过程的实现）来达到持久化数据，以此满足实际项目的需要。

相比B/S架构，C/S架构由于可将大量业务逻辑和界面展示放在客户端，因此其界面和操作相对丰富，同时系统安全性可以很容易保证，也能够较容易实现多层认证，响应速度较快。但其缺点也是显而易见的，由于需要为每个客户端安装软件，所以不适合面向一些不可知的用户；如果软件升级，则所有客户端的程序都需要升级，维护成本和代价较高。

（3）M/S架构。M/S体系架构是相对现有的C/S和B/S体系构架而言的，它是一种新型的基于无线网络(4G、5G等)的软件构架，由Mobile端和Server端组成。Mobile端是便携式移动设备，如车载设备、智能手机等，这些设备携带方便，使用时不受地域限制，且本身具有处理器和一定的存储容量。因此，Mobile端除了完成与用户的交互任务之外，本身还能够进行一些简单的数据处理和存储。Server端负责数据管理和Web应用服务。由于M/S体系结构的特性，将其应用于外业普查有着十分独特的优越性。它打破了普查中原有的地域限制，缩短了工作流程，实现数据的即时传输，大大提高了对普查数据采集的响应能力。

4　信息资源规划与数据库建设

4.1　信息资源规划概述

4.1.1　信息资源规划原则

（1）**统筹规划**。规划编制要站在顶层设计的角度，充分协调各个部门共同参与，力求最大限度地与业务发展相适应；同时，规划编制与现有的各类国际、国家标准、行业或地方标准规范保持一致，并参考、吸收有关科研成果。

（2）**资源整合**。农业污染源普查工作涉及多个行业、多个部门，因此，普查的业务信息资源规划本身应具有开放性和可扩展性，能够随着信息化建设工作的深入开展，不断整合相关行业、相关部门的数据资源。

（3）**先进实用**。紧密围绕农业污染源普查的发展方向，规划成果能够有效指导信息化建设工作的开展，并具有一定的前瞻性；规划过程采用适当的软件工具，提高有效性和实用性。

（4）**安全可靠**。农业污染源普查包括县级情况调查、抽样调查、原位监测等重要内容，数据建库工作需要符合国家有关信息安全的要求，同时在存储、管理和共享过程中要确保数据库稳定运行。

（5）**稳步推进**。规划涉及数据填报、数据整合、汇总、建库等工作，任务繁重，不可能一蹴而就。应按照业务发展对数据需求的迫切程度，结合工作实际，划分不同工作时段，有计划、有步骤地推进规划实施。

（6）**持续发展**。在规划实施过程中，要根据农业污染源普查业务的新特点，及时将新思路、新科技、新成果纳入其中，持续投入、滚动更新。

（7）**按照标准化、精当简洁、通用兼容和平滑过渡的原则规划信息资源**。标准化原则，即遵循国家、地方、行业制定的相关标准；精当简洁原则，即准确描述，精确定义，并在满足应用需求的前提下，精简信息项目，最大限度地减少冗余度；通用兼容原则，即面向实际应用，兼容现有应用系统的信息结构；平滑过渡原则，根据实际工作需要对信息组织模式和信息内容进行规划，尽可能保持用户在使用中的连贯性。

4.1.2 信息资源规划思路

数据资源是农业污染源普查最重要的资源，具有以调查数据为主数据的基本特征，并体现数据资源关联性的特点。根据“基于数据，围绕数据，面向数据”的思路，进行数据资源体系的设计。

（1）制定数据标准。制定农业污染源普查标准体系及数据标准，实现数据填报标准统一。

（2）理清数据关系。对业务数据进行分类整理，理清各类数据项或明细指标，通过基础数据的唯一性，对相关的数据进行关联分析。基础数据包括行政区划、空间地理信息等，这些基础数据将关键信息与单位、区域关联，从而为后续辅助决策分析及综合管理提供依据。

（3）明确数据来源。需要通过业务梳理，明确农业污染源普查涉及哪些数据，以及这些数据的来源，包括数据项、涉及部门、系统来源、保存格式、更新周期、获取方式等。

4.1.3 信息资源规划主要目标

通过统一规划、有效整合，实现数据资源获取和业务应用纵向贯通、横向衔接，形成门类齐全、标准统一、内容充实的农业污染源普查数据资源库，提供环境保护信息管理和辅助决策分析服务，为国家社会发展以及生态环境保护工作提供基础支撑。

4.1.4 信息资源规划主要任务

（1）摸清数据现状。通过全面、细致的调研，对农业污染源普查的数据资源进行清查摸底，为数据资源规划提供基本依据。

（2）理顺业务需求。全面分析普查成果服务的各类业务，理清当前农业污染源普查库建设工作的数据需求和未来业务发展对数据资源的新需求。

（3）建立标准体系。以国家标准和行业标准为依据，建立涵盖基础数据分类编码、元数据和数据字典的标准体系。

（4）明确建设途径。明确数据资源挖掘、整合和新建的途径，特别是人力和财力保障，确保规划的实施能有序进行。

（5）完善更新机制。建立并完善数据资源更新机制，确保数据资源随着业务发展变化和信息化建设的深入推进持续稳定更新。

4.1.5 信息资源工作推进

2017年9月21日国务院办公厅正式印发《普查方案》，结合农业农村部工作实际，推进组办公室牵头组织生态总站、中国农科院、中国水科院、部规划设计研究院等单位，在深入地方调研、广泛征求意见、充分咨询论证的基础上，编制印发了《全国农业污染源普查方案》《全国农业污染源普查抽样调查及原位监测技术方案》《全国农业污染源普查质量控制技术文件汇编》。各省农业污染源普查机构结合实际，制定印发了本地农业污染源普查实施方案和技术规定。同时，积极配合生态环境部普查办编制《第二次全国污染源普查清查技术规定》《第二次全国污染源普查技术规定》《第二次全国污染源普查报表制度》等农业污染源普查相关内容。技术规定和报表制度等文件的编制为农业污染源普查信息资源规划提供了业务需求基础。

4.2 信息资源规划构成

4.2.1 信息资源来源

信息资源有以下几种来源：

（1）来源于县级部门或科研单位逐级上报。其中包括抽样调查数据。

（2）来源于生态环境部数据共享。如县级基表数据N201—N203、县级汇总数据NH101—NH108。

（3）来源于空间地理信息库等国家基础信息库以及国家统计局等部门。如行政区划基础地理信息数据、统计用区划代码和城乡划分代码。

（4）来源于历史调查数据。如第一次农业污染源普查成果数据。

（5）来源于互联网。如农业污染源普查舆情数据、国家及各省公报数据。

4.2.2 信息资源分类

普查信息资源包括基础信息资源、业务信息资源、成果信息资源等。

（1）基础信息资源。包括行政区划、基础地理信息数据等。

（2）业务信息资源。包括种植业、畜禽养殖业、水产养殖业县级调查和抽样调查数据、原位监测数据、统计汇总数据等。

（3）成果信息资源。包括第一次全国农业污染源普查成果数据、县级汇总数据、各省公报数据、NH108汇总数据等。

4.2.3 信息资源属性分析

处理和存储的主要信息类型包括数值信息、文本信息、图形图像信息、地理信息等。具体说明如下：

（1）数值型信息。主要包括种植业、畜禽养殖业、水产养殖业、空间地理的数值型数据，如割茬高度、覆膜面积等；统计数据，如农户总数、不同坡度耕地和园地面积等；指标数据，如总氮、总磷、化学需氧量指标等。

（2）文本型信息。主要包括作物名称、灌溉方式、畜禽种类、养殖模式、空间地理的文本型数据等。

（3）图形图像信息。主要是现场照片等。按照质控留痕业务需求，图形图像信息的处理需求会日益增加。

4.2.4 信息资源目录体系

建立信息资源目录体系，实现信息统一编目管理，可为农业环境保护业务提供支撑，充分发挥信息资源的应用价值。信息资源目录体系内容如表4-1所示。

表4-1　信息资源目录体系

序号	一级	二级	三级	数据来源
基础信息资源				
1	人员信息	人员信息	各级管理员、审核员及县级调查员	各级部门上报
2	空间地理信息	空间地理信息	基础地理数据	空间地理信息资源库
			流域数据（长江流域、黄河流域、珠江流域、松花江流域、辽河流域、淮河流域、海河流域、西北诸河流域、西南诸河流域、东南沿海诸河流域） 畜禽养殖大县 粮食生产先进县 重点地区数据(优化发展区、适度发展区、保护发展区、长江经济带、京津冀地区、长三角地区、珠三角地区、粤港澳大湾区)	数据加工
3	基础元数据	各类编码	统计用区划代码和城乡划分代码 各单位机构代码	国家统计局、民政部等相关部门
4	舆情	舆情	农业污染源普查舆情数据	互联网
5	气象	降雨	县级降雨量数据	国家气象局
业务信息资源				
1	种植业	基表	N201-1县(区、市、旗)种植业基本情况 N201-2县(区、市、旗)种植业播种、覆膜与机械收获面积情况 N201-3县(区、市、旗)农作物秸秆利用情况	生态环境部
			县(区、市、旗)主要种植模式及减排措施	县级部门上报
		抽样	种植业典型地块抽样调查表 乡镇地膜污染调查表 农户地膜污染调查表 农作物秸秆利用农户抽样调查表 企业普查表	县级部门上报
		系数	全国种植业氮磷流失系数 秸秆产生量分区域草谷比 秸秆产生量全国和分区域可收集系数 不同区域不同农作物农户秸秆分散利用比例	系数手册
		汇总	NH105种植秸秆地膜汇总表	生态环境部
2	畜禽养殖业	基表	N202县(区、市、旗)规模以下养殖户养殖量及粪污处理情况	生态环境部
		抽样	规模化畜禽养殖场粪污处理调查表 养殖户/散养户畜禽粪污处理调查表	县级上报

（续）

序号	一级	二级	三级	数据来源
2	畜禽养殖业	系数	畜禽规模养殖产污系数——饲养期系数 典型畜禽规模养殖场污水达标排放处理排污系数 畜禽规模养殖场污水直接排放排污系数 畜禽规模养殖场固体粪便场外丢弃排污系数 畜禽规模以下养殖产污系数——饲养期系数 畜禽规模以下养殖户排污系数 畜禽规模以下散户排污系数 不同清粪工艺下进入污水中的污染物系数 污水典型处理工艺污染物去除效率	系数手册
		汇总	NH101规模畜禽养殖场基表 NH102畜禽规模养殖分县 NH103_1散户分县 NH103_2养殖专业户分县 NH104畜禽养殖业分县汇总表	生态环境部
3	水产养殖业	基表	N203县(区、市、旗)水产养殖基本情况	生态环境部
		抽样	水产养殖业信息调查表（户）	县级部门上报
		系数	水产养殖业排污系数	系数手册
		汇总	NH106水产分县汇总表	生态环境部
成果信息资源				
1	一污普	成果	第一次全国农业污染源普查成果数据	历史调查
2	二污普	成果	NH108汇总数据	生态环境部
		成果	国家及各省公报数据	国家及省级公报

4.3 数据库建设

4.3.1 数据库建设原则

（1）符合标准原则。信息资源规划和数据库建设应符合国家相关信息资源标准规范。其中包含指标体系分类编码标准、信息资源目录标准、元数据标准、代码标准以及数据交换格式标准等。

（2）数据准确性原则。数据的准确性是预警服务数据可用的基本要求，在建设时必须对数据的准确性进行严格的审核、校验工作，保证系统的正常运行。

（3）数据访问高效原则。数据的访问效率必须放到重要的位置，通过资源及技术保障来支撑系统，使其具备高效的服务能力。充分考虑在普查过程中在线用户大规模集中填报的业务场景，保证6万用户同时在线填报的稳定性和正确性。

（4）**数据安全性原则**。建设强有力的安全防护体系，保障信息安全。要防止对数据的非法使用，必须在数据库设计时考虑用户权限管理的约束信息，并记录关键数据操作的全过程，防止对数据进行有意无意的破坏，并能对造成的破坏进行恢复。

（5）**数据可追溯性原则**。必须将数据的产生、处理、采集、转换等信息完整保存下来，并清楚标注数据处理流程，实现数据全生命周期管理，支持追本溯源。尤其是在普查过程中要求对数据的填报、删除等重要操作，以及对数据审核、上报等业务操作进行全过程留痕管理。

（6）**图文一体原则**。数据库设计要考虑图文一体的存储设计，使空间数据和属性数据有机地统一存储，统一利用SQL语言对空间与非空间数据进行操作，使空间数据与非空间数据实现真正的一体化集成，在普查过程中方便存储大量的外业照片以及采集的地理位置数据。

（7）**信息可扩展性原则**。通过灵活的结构设计，强化信息可扩展性，从而具备变化的适应能力，能够支持并适应系统与国家政策的同步变化。存储结构和存储策略的改变不对应用造成重要影响，要求存储结构具有易维护、易扩充的特性，各种物理表的关联度降到最低。

（8）**并发控制原则**。数据库是一个共享资源，可以有多个用户使用，为了充分利用数据库资源，应该允许各用户程序可以并行存取数据，这样就会产生多个用户并发地存取同一个数据的情况，数据库设计应充分考虑并发操作的控制机制，保证存取数据的完整性和一致性。

4.3.2 数据库设计规范

（1）**设计数据库之前**。

①理解农业污染源普查系统的普遍需求，整合相关系统通用数据结构和关系。

②重视输入输出。在定义数据库表和字段需求（输入）时，首先应检查现有的或者已经设计出的报表、查询和视图（输出）以决定为了支持这些输出哪些是必要的表和字段。例如需要一个报表按照地块编码排序、分段和求和，要保证其中包括了单独的地块编码字段而不要把地块编码揉进编码文本字段里。

③创建ER图表和数据字典。ER图表和数据字典可以让任何了解数据库的人都明确如何从数据库中获得数据。ER图表之间关系很有用，而数据字典则说明了每个字段的用途以及任何可能存在的别名。对SQL表达式的文档化来说，这是完全必要的。

④规范命名定义标准的对象。数据库各种对象的命名必须规范。

（2）**表和字段的设计**。

①标准化和规范化。数据的标准化有助于消除数据库中的数据冗余。标准有好几种形式，但Third Normal Form(3NF)通常被认为在性能、扩展性和数据完整性方面达到了最好平衡。简单来说，遵守3NF标准的数据库的表设计原则是“One Fact One Place”，即某个表只包括其本身基本的属性，当不是它们本身所具有的属性时需进行分解。事实上，为了效率的缘故，对表不进行标准化有时也是必要的。如无性能上的必须原因，应该使

用关系数据库理论，达到较高的范式，避免数据冗余。但是如果在数据量上与性能上无特别要求，考虑到实现的方便性，可以有适当的数据冗余，但基本上要达到3NF标准。如非确实必要，避免一个字段中存储多个标志的做法。如11101表示5个标志的一种取值，这往往是增加复杂度、降低性能的地方。

②数据驱动。采用数据驱动而非硬编码的方式，许多策略变更和维护都会方便得多，大大增强系统的灵活性和扩展性。例如用户界面要访问外部数据源（文件、XML、文档、其他数据库等），不妨把相应的连接和路径信息存储在用户界面支持表里。如果用户界面执行工作流之类的任务（上报记录、审批记录、修改记录状态等），那么产生工作流的数据也可以存放在数据库里。角色权限管理也可以通过数据驱动来完成。

③特殊表设计原则。对于数据量比较大的表，根据表数据的属性进行分区，以得到较好的性能。如果表按某些资源进行增长，则按字段值范围进行范围分区；如果表按某个字段的几个关键值进行分布，则采用列表分区；对于静态表，则采用Hash分区或列表分区；在范围分区中，如果数据按某关键字段均衡分布，则采用子分区的复合分区方法；如果某几个静态表关系比较密切，则可以采用聚簇表的方法。

④完整性设计原则。关联表的父表要求有主键，主键字段或组合字段必须满足非空属性和唯一性要求。对于数据量比较大的父表，要求指定索引段。对于关联两个表的字段，一般应该分别建立主键、外键。实际是否建立外键，根据对数据完整性的要求决定。为了提高性能，对于数据量比较大的表要求对外键建立索引。对于有要求级联删除属性的外键，必须指定on delete cascade。表、字段等应该有中文名称注释和需要说明的内容。

⑤考虑各种变化。在设计数据库的时候要考虑到哪些数据字段将来可能会发生变更。例如，在种植业地块典型调查表中，施肥、施药类型除了选择固定的类型外，在还可以选择其他类型的时候，应允许用户填写实际名称。

（3）选择键和索引。

①键设计的原则有为关联字段创建外键、所有的键都必须唯一、避免使用复合键、外键总是关联唯一的键字段。

②使用系统生成的主键。设计数据库的时候采用系统生成的键作为主键，就实际控制了数据库的索引完整性。这样，数据库和非人工机制就有效控制了对存储数据中每一行的访问。采用系统生成键作为主键还有一个优点：当拥有一致的键结构时，找到逻辑缺陷很容易。

③不要选用户的键（不让主键具有可更新性）。在确定采用什么字段作为表的键的时候，可一定要小心用户将要编辑的字段，通常的情况下不要选择用户可编辑的字段作为键。

④可选键有时可做主键。把可选键进一步用作主键，可以拥有建立强大索引的能力。

⑤索引使用原则。索引是从数据库中获取数据的最高效方式之一。95%的数据库性能问题都可以采用索引技术得到解决。对于查询中需要作为查询条件的字段，可以考虑建立索引，最终根据性能的需要判断是否建立索引。对于复合索引，索引字段顺序比较关键，把查询频率比较高的字段排在索引组合的最前面。大多数数据库都有索引自动创建的主键字段，但是可别忘了索引外键，它们也是经常使用的键，比如运行查询显示主表和关联表的某条记录就用得上。不要索引Blob字段，不要索引大型字段（有很多字

符），否则会让索引占用太多的存储空间。

（4）数据完整性设计。

①完整性实现机制。包括实体完整性、参照完整性和用户定义完整性。其中参照完整性指父表中删除数据、插入数据、更新数据。

②强制指示完整性。在有害数据进入数据库之前将其剔除。激活数据库系统的指示完整性特性，这样可以保持数据的清洁，使开发人员投入更多的时间处理错误条件。

③使用查找控制数据完整性。控制数据完整性的最佳方式就是限制用户的选择。只要有可能都应该提供给用户一个清晰的价值列表供其选择。这样将减少键入代码的错误和误解，同时提供数据的一致性。某些公共数据特别适合查找，例如区域代码、状态代码等。

（5）视图设计。

①从一个或多个库表中查询部分数据项。

②为简化查询，将复杂的检索或子查询通过视图实现。

③提高数据安全性，只将需要查看的数据信息显示给有限权限的人员。

④视图中如果嵌套使用视图，级数不得超过3级。

⑤由于视图中只有固定条件或没有条件，所以对于数据量较大或随时间的推移会逐渐增多的库表，不宜使用视图，可以采用实体化视图代替。

⑥除特殊需要，避免类似Select * from [TableName] 而没有检索条件的视图。

⑦视图中尽量避免出现数据排序的SQL语句。

（6）安全设计。

①管理默认用户。在生产环境中，必须严格管理postgres用户，必须修改其默认密码，禁止该用户建立数据库应用对象。

②数据库级用户权限设计。必须按照应用需求设计不同的用户访问权限，包括应用系统管理用户、普通用户等，按照业务需求建立不同的应用角色。

③角色与权限。确定每个角色对数据库表的操作权限，如创建、检索、更新、删除等。每个角色拥有刚好能够完成任务的权限，不多也不少。在应用时再为用户分配角色，则每个用户的权限等于他所兼角色的权限之和。

④应用级用户设计。应用级的用户账号密码不能与数据库相同，防止用户直接操作数据库。用户只能用账号登录到应用软件，通过应用软件访问数据库，而没有其他途径操作数据库。

⑤用户密码管理。用户账号的密码必须进行加密处理，确保在任何地方的查询都不会出现密码的明文。

（7）避免使用触发器。触发器的功能通常可以用其他方式实现。在调试程序时触发器可能成为干扰。假如需要采用触发器，最好集中对其文档化。

（8）包含版本控制机制。在数据库中引入版本控制机制来确定使用中的数据库的版本。时间一长，用户的需求总是会改变的，最终可能会要求修改数据库结构。把版本信息直接存放到数据库中更为方便。

①测试。建立或者修订数据库之后，必须使用用户新输入的数据测试数据字段。最重要的是，让用户进行测试并且同用户一道保证选择的数据类型满足业务要求。

②检查设计。在开发期间检查数据库设计的常用技术是通过其所支持的应用程序原型检查数据库。换句话说，针对每一种最终表达数据的原型应用，保证检查了数据模型并且查看如何取出数据。

4.3.3 数据库设计思路

(1) 基于“关系数据库+空间数据引擎”的一体化管理。将属性数据与空间数据分离的数据组织形式已经不能满足普查多用户采集GIS数据管理的需要，将属性数据和空间数据统一起来存放在关系数据库并进行有效管理已经显得越来越重要了。利用SQL语言对空间与非空间数据进行操作，同时可以利用关系数据库的海量数据管理、事务处理、记录锁定、并发控制、数据仓库等功能，使空间数据与非空间数据一体化集成。

通过空间数据库引擎可将具有地理特征的空间数据和非空间数据统一纳入到关系数据库中进行管理，使GIS 应用系统具有海量数据管理能力，并可利用关系数据库强大的管理机制进行高效率的事物处理、记录锁定、并发控制等服务操作。同时，空间数据库引擎也为客户端应用开发提供了一系列标准的API，通过这些开发接口，可实现高效的数据访问、查询统计以及数据更新。

采用关系数据库和空间数据库引擎相结合的技术统一管理空间数据和属性数据，确保空间和非空间数据的一体化存储，实现农业污染源普查数据管理的高效性，各类海量数据的存储、索引、管理、查询、处理及数据的深层次挖掘问题，为前端GIS应用功能开发和信息发布服务提供强有力的支持。

PostgreSQL是一种功能强大、应用广泛、开源的对象关系型数据库管理系统(DBMS)，PostGIS在其基础上增加了存储和管理空间地理数据的扩展能力，实现空间数据和属性数据的一体化管理。它支持OpenGIS的规范，具备管理和分析空间数据的能力，加上其源码公开、紧密结合GIS等特性，在目前的地理信息工程中具有广泛的用户群体。

PostGIS是具有空间存储能力的开源关系型数据库，它提供了包含空间对象、空间索引、空间操作函数和空间操作符在内的空间信息服务功能。同Oracle Spatial等空间数据库产品类似，PostGIS采用关系型数据库结合空间数据引擎的技术方案，空间信息和属性信息的一体化存储。对空间坐标信息的存储，采用 Geometry 或Geography类型的字段来表示。前者以平面直角坐标系 X、Y表示，后者以经纬度形式的地理坐标系来表示。PostGIS支持所有的空间数据类型，包括点(Point)、线(LineString)、多边形(Polygon)、点集合(MultiPoint)、线集合(MultiLineString)、多边形集合(MultiPolygon)和集合对象集(GeometryCollection)等，这些不同类型的空间实体记录构成了复杂的空间信息数据。每一条空间记录根据空间引用标识(SRID)确定其空间映射性质。在PostGIS中，使用文本表达方法 WKT(Well Known Text)和二进制表达方法 WKB(Well Known Binary)表达不同的几何体类型，并由对象类型和构成对象的坐标两部分组成。

在PostGIS提供的空间操作中，基于OpenGIS 的空间操作包括字段处理函数、几何关系函数、几何分析函数和读写函数。除此之外，在OpenGIS 基础上扩展的空间操作包括空间索引创建、空间查询、网络地图服务、数据类型支持、量算函数、几何操作函数等扩展功能。

PostGIS 中包含了常用的地理信息空间分析功能，如ST_Union(图形合并)、ST_Intersects(求交)、ST_Contains(包含)、ST_Buffer(缓冲)等操作，遵循 Simple Features 定义，实现了一些常见的关系运算，并实现了空间数量度量，能够计算几何体之间的距离及几何体的面积、周长等。此外，还可以通过 Transform 函数实现一种投影系向另一种投影系中的数据转换操作。空间索引是支持空间扩展的数据库系统的关键技术，是快速高效地查询、检索和显示地理空间数据的一项重要指标。PostGIS数据库对多维空间数据的存取有两种索引方案，即R-Tree和GiST(Generalized Search Tree)，在PostgreSQL中的GiST比R-Tree的健壮性更好，因此PostGIS一般采用GiST来建立空间数据的索引，大大提高了查询的速度。

（2）**海量图片数据的存储和管理**。在农业污染源普查中，需要采集大量的现场照片，并且要面对几万用户同时上传照片的需求。传统的信息资源管理采用传统的数据库架构来存储和管理数据，其存储能力受制于所依赖的数据库管理系统的能力，采用"关系型数据+对象存储"的方式来存储照片。关系型数据中存储照片链接信息，照片实体存储在对象存储上。

对象存储形态起源于2006年AWS云服务中率先提供的S3对象云存储服务，其访问形式为HTTP接口。目前所有的公有云提供商均提供对象云存储服务（如阿里OBS、华为OSS），同时在本地环境也有基于Ceph或OpenStack Swift等的分布式对象存储框架。其优点在于其架构可以满足互联网级别的海量数据存储和海量并发访问的需求。尤其适合图片、卫星影像这类非空间非结构化数据的归档备份存储。其缺点或者说其不适用场景主要在于，目前很多的传统软件对数据文件的操作还是基于文件接口进行实时读写，不支持对象存储的HTTP形式的文件操作。另外对象存储更适合一次存入多次取出的场景，不适合对数据文件进行随机I/O的频繁高效写入。

对象存储，也称作基于对象的存储，是用来描述解决和处理离散单元的方法的通用术语，这些离散单元被称作对象。就像文件一样，对象包含数据，但是和文件不同的是，对象在一个层结构中不会再有层级结构。每个对象都在一个被称作存储池的扁平地址空间的同一级别里，一个对象不会属于另一个对象的下一级。文件和对象都有与它们所包含的数据相关的元数据，但是对象是以扩展元数据为特征的。每个对象都被分配一个唯一的标识符，允许一个服务器或者最终用户来检索对象，而不必知道数据的物理地址。这种方法对于在云计算环境中自动化和简化数据存储有帮助。对象存储经常被比作在一家高级餐厅代客停车。当一个顾客需要代客停车时，他就把钥匙交给别人，换来一张收据。这个顾客不用知道他的车被停在哪，也不用知道在他用餐时服务员会把他的车移动多少次。在这个比喻中，一个存储对象的唯一标识符就代表顾客的收据。

对象存储根本上改变了存储蓝图。它处理和解决了曾经被认为是棘手的存储问题：不间断可扩展性、弹性下降、限制数据持久性、无限技术更新和成本失控。存储专家对其潜在的优势感到兴奋，尤其是绝大多数数据都碰巧是被动的或者是冷数据。对象存储的本地应用程序接口是一个RESTful API。RESTful本质上是HTTP输入和输出，或者是互联网语言。这个语言对于Web浏览器是本地化的，但是对于大多数IT应用并非如此。这也为这个问题提供了一个答案，对RESTful API是一种检验，检测其变化标准、事实标准以及在本地使用有哪些必须要做的事情、有哪些现成的软件可以实现。最佳的方式就是通过RESTful API使用对象存储系统。它是一个本地接口，具备最低延迟和最快的响应时间。

4.3.4 数据库体系架构

农业污染源普查数据库是一个多层次的、综合性的空间与属性信息集成的数据库，具有多业务类型、多比例尺、多源性等特点。根据数据的来源，整个数据库分为基础信息资源、业务信息资源、成果信息资源。数据库组成如图4-1所示。

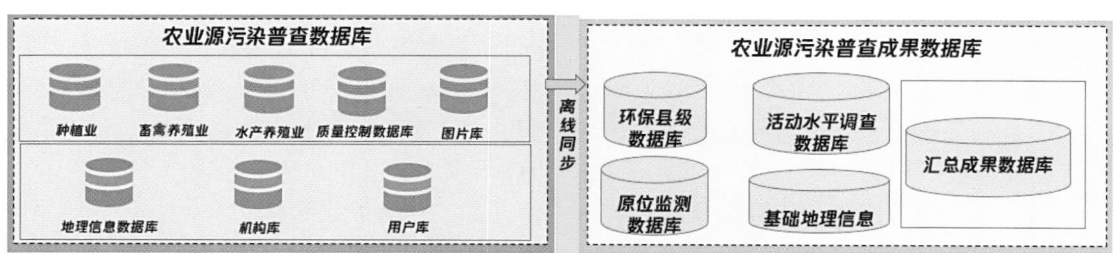

图4-1 数据库组成

4.3.5 数据库建设内容

（1）基础信息资源。基础信息资源包括人员信息、空间地理信息、基础元数据、舆情、气象等。

①人员信息。包括各级管理员、审核员及县级调查员。

②空间地理信息。空间地理信息包括流域数据（长江流域、黄河流域、珠江流域、松花江流域、辽河流域、淮河流域、海河流域、西北诸河流域、西南诸河流域、东南沿海诸河流域），畜禽养殖大县，粮食生产先进县，重点地区数据(优化发展区、适度发展区、保护发展区、长江经济带、京津冀地区、长三角地区、珠三角地区、粤港澳大湾区)。

③基础元数据。基础元数据包括基础地理数据，统计用区划代码和城乡划分代码，各单位机构代码。

④舆情。农业污染源普查舆情数据包括含有农业源、污染普查、农业污染源、种植、畜禽、秸秆、水产、质量控制、面源污染、农业清洁生产、白色污染、地膜、棚膜等关键词的文章、博客、微博、微信等信息。

⑤气象。气象数据包括2017年县级降雨量数据，如平均降雨量和累计降雨量。

（2）业务信息资源。业务信息资源包括种植业、畜禽养殖业、水产养殖业普查数据。

①种植业。种植业数据包括N201-1县(区、市、旗)种植业基本情况、N201-2县(区、市旗)种植业播种、覆膜与机械收获面积情况、N201-3县(区、市、旗)农作物秸秆利用情况、县(区、市、旗)主要种植模式及减排措施、种植业典型地块抽样调查表、乡镇地膜污染调查表、农户地膜污染调查表、农作物秸秆利用农户抽样调查表、企业普查表、全

国种植业氮磷流失系数、秸秆产生量分区域草谷比、秸秆产生量全国和分区域可收集系数、不同区域不同农作物农户秸秆分散利用比例、NH105种植秸秆地膜汇总表。

②畜禽养殖业。畜禽养殖业数据包括N202县(区、市、旗)规模以下养殖户养殖量及粪污处理情况、规模化畜禽养殖场粪污处理调查表、养殖户/散养户畜禽粪污处理调查表、畜禽规模养殖产污系数——饲养期系数、典型畜禽规模养殖场污水达标排放处理排污系数、畜禽规模养殖场污水直接排放排污系数、畜禽规模养殖场固体粪便场外丢弃排污系数、畜禽规模以下养殖产污系数——饲养期系数、畜禽规模以下养殖户排污系数、畜禽规模以下散户排污系数、不同清粪工艺下进入污水中的污染物系数、污水典型处理工艺污染物去除效率、NH101规模畜窑养殖场基表、NH102畜禽规模养殖分县汇总表、NH103_1散户分县汇总表、NH103_2养殖专业户分县汇总表、NH104畜禽养殖业分县汇总表。

③水产养殖业。水产养殖业包括N203县(区、市、旗)水产养殖基本情况、水产养殖业信息调查表（户)、水产养殖业排污系数、NH106水产分县汇总表。

（3）成果信息资源。成果信息资源包括一污普和二污普成果数据。

①一污普。一污普成果包括第一次全国农业污染源普查成果数据。

②二污普。二污普成果包括NH108汇总数据、《第二次全国污染源普查公报》及各省公报数据。

5　农业污染源普查数据质量控制

5.1　数据质量控制概述

第二次全国农业污染源普查涉及种植业、畜禽养殖业、水产养殖业、地膜、秸秆等的调查、监测，涉及大数据分析及时空尺度的产排污量测算，普查任务繁重、工作流程复杂，需建立一套完整的农业污染源普查数据质量控制与质量保证方案，实现“全流程、全要素、可追溯”质量控制，确保普查各项技术要求、工作方案和技术措施落到实处，全面提升普查数据质量，为《全国污染源普查公报》提供全面完整、准确可靠的数据来源。

农业污染源普查工作涉及面广、要素众多、内容复杂。需要普查的农业源涵盖种植业、畜禽养殖业、水产养殖业、秸秆和地膜；各个农业源的普查过程基本包括入户调查、抽样监测、原位监测、数据录入和汇总、系数研究、产排量测算和结果发布等；不同农业源的普查要素和技术路线差异较大，导致工作难度大，工作质量和效率难以保证。针对第二次农业污染源普查工作的特点，将其分为数据采集、数据上报、数据入库三个阶段。建立了一套质量控制技术体系，搭建了农业源数据质量控制系统，实施全过程质量控制，建立普查机构、人员、过程、数据和结果的质量保证体系，强化过程控制，狠抓质量保证，及时发现和纠正各阶段、各环节存在的各种质量问题，确保普查工作顺利推进、普查结果科学合理。基于“全流程、全要素、可追溯”的质控准则，为这三个阶段提供了对应的质控方案，每个阶段质控方式不同、侧重点不同。

5.2　数据采集阶段

数据采集阶段为普查人员录入数据的第一步，此时普查人员将会使用手机APP对数据进行采集。质量控制目标：调查数据真实、准确、规范、完整、一致。此时，可以通过系统内置校验，以确保录入的每条数据都具有合理性。

5.2.1　数据填报工作过程

（1）找到调查对象。根据抽样名单，借助地图、村居调查协调员指引，找到调查对象（企业、合作社、农户、养殖户），需使用智能手机或平板电脑APP系统在访问地点进行经纬度定位，特殊情况下需使用手机自带GPS定位系统代替智能手机或平板电脑APP系统进行经纬度定位，且需保留定位截图。

（2）**选择合适的实际调查对象**。针对企业、合作社进行调查时，事先约定最了解本企业、合作社调查相关事项的人作为实际被调查对象。针对个体农户、个体养殖户进行调查时，调查员需出示《调查对象知情书》，跟农户/养殖户家庭成员介绍调查的目的、意义和内容概况，从而方便选择最了解本户种养殖情况的成员作为被调查对象，即了解自家作物种植、畜禽养殖、水产养殖状况或秸秆利用、地膜使用情况等。如遇方言困难，请村居调查协调员或其他家庭成员翻译沟通。调查对象拒访、地址错误、地址不存在、实际地址与名单地址不相符、实际情况与调查对象筛选条件/配额条件不符的，应立即向上级单位报告，上级单位收到报告后应尽快反馈处理。

（3）**数据填报**。

①调查员应首先对调查对象的筛选条件/配额条件进行核对，如出现不符合的情况，需及时向上级汇报，按照调查对象替换原则和程序进行替换。

②调查员要有规范的开头语，向调查对象介绍调查的目的、意义和内容概况，提示高错误风险点，例如逻辑跳答、易错数据、易漏答数据等。

③调查员根据调查对象的回答完成调查表的填报，如果被调查的农户、企业或单位对于调查表中的问题有不理解、不清楚的地方，调查员要根据培训中学习的内容对其进行解释和指导。但是，调查员只能负责对调查表中的名词或者短语的含义进行解释，不对调查表进行主观性阐述，以免影响调查表对真实情况的反映。

④针对调查表中漏填、错填的部分，与调查对象沟通，进行修改。纸质调查表修改时，调查对象需在修改处签字，如调查对象签字有困难，调查员可在修改处签字并说明情况；电子调查表正式提交后原则上不允许再次更改，如特殊情况需要更改的，需上报上级农业污染源普查机构退回调查表，具体说明更改原因、更改点。

⑤针对调查表中填写完成的数据的计量单位，需逐条和调查对象核实，避免出现错误；针对调查表中填写的地址，需进行检查，其详细程度以能够根据填写地址二次到访为准。

（4）**调查过程留痕与关键信息核对**。调查员真实性到访照片资料：针对种植户，拍摄地块地头照片，如有困难，可改为集中拍摄村委会现场环境照片、入户拍摄种植户家庭环境照片。针对养殖户、养殖场，拍摄现场环境照片。针对企业调查时，与能体现企业名称的建筑装饰等非可移动物品合照，例如企业门口的牌匾文字。照片水印应显示拍照时间、地理位置坐标。针对个体农户、养殖户进行调查时，需对种植土地、养殖场环境、养殖场养殖类型或其他能够反映调查对象符合筛选条件、配额条件相关信息的材料进行拍照。调查结束后，调查员需与调查对象合照（非强制性要求）。调查表中相应数据需满足对应的勾稽关系，并与经验数据、统计数据相一致。

（5）**数据填报后交叉审核**。两名现场抽样调查员对调查表交叉审核后方可提交。审核通过的纸质调查表需调查对象、两名现场抽样调查员签字存档，审核通过的电子调查表需经APP端正式提交，电子调查表提交后无特殊情况不允许再次修改。交叉审核要点如下：

①调查员确认表格是否填写完整，无缺漏项。

②确认填报信息与实际情况、统计资料、原始凭证等台账资料一致或已进行了备注说明。

③根据要求核对各关联数据间的逻辑关系，填报信息有明显逻辑错误的要向调查对象再次核实修改。

④根据要求核对各数据范围，如果数值明显偏大或偏小，要向调查对象再次核实并根据情况修改。

⑤规模化畜禽养殖场，需携带清查阶段的数据信息，当场进行比对。

5.2.2 数据规范性校验

根据各个专业的要求输入限制条件，即现场填报时如果不满足数据规范性就无法进行数据提交，并会进行针对性的提示。通过事前数据规范性校验，保证数据填报质量。具体设置如下：

（1）**内置字典表**。为保证数据的准确性，防止用户填写不规范，系统建立完善的字典表，用户在选择对应的项目时，系统自动匹配代码。有固定值的，在数据填报中直接选择对应选项即可，这样避免了手动输入错误。

①统一行政区划代码表。2017年行政区划代码按《中华人民共和国行政区划代码(GB/T 2260)》统一填写表头（省、市、县）。

②业务数据字典。种植业、秸秆、地膜、水产、畜禽字典表，如：模式名称和模式代码字典表、作物名称和作物代码对应表、肥料代码字典表等。

（2）**固定信息自动填写**。根据用户初始化信息，自动填写省、市、县，以及调查员的电话等信息，现场不需要输入。

（3）**限定填报数据类型及数值精度**。针对填报数据的格式进行限定，如：标识码只能填写数字，养殖场名称为字符串等限制。根据各个专业要求对数值型数据限定小数点位数。

5.2.3 数据内容逻辑审核校验

检查调查数据间的内容逻辑关系，检查数据是否满足表内、表间强制逻辑关系，分专业对填报数据关系进行审核，不满足则不能上报。不同专业的规范性要求不同。

（1）**种植业**。

1）模式面积≥①优化施肥+②节水灌溉+③秸秆还田+④免耕+⑤绿肥填闲+⑥植物篱。

2）模式面积≥①水肥一体化+②免耕秸秆覆盖+③　+④　。

（2）**畜禽养殖业**。

1）农田林地利用+输入鱼塘+液体肥水出售+第三方生产沼气+达标排放+异位发酵床+直接排放+场区循环利用+其他≤100%。

2）农田林地利用+场内有机肥生产+直接出售农户利用+第三方生产沼气+第三方生产有机肥+垫料利用+基质利用+场外丢弃+输入鱼塘+其他≤100%。

（3）水产养殖业。

1）池塘养殖、围栏养殖、滩涂养殖的单位产量一般不应超过5吨/亩。

2）网箱养殖单位产量一般不应超过0.2吨/米^2。

3）工厂化养殖单位产量一般不超过0.1吨/米^3。

4）筏式养殖单位产量一般不应超过150吨/亩。

5）其他养殖方式产量一般不应超过150吨/亩。

（4）秸秆。

1）播种面积（亩）=机械收获面积（亩）+人工收获面积（亩）。

2）直接还田+间接还田+直接燃用+生产沼气压块燃料、发电等清洁能源+饲料化利用+基料化利用+原料化利用+赠送或出售给他人的秸秆占总秸秆量的比例（%）≤100%。

3）肥料化利用=直接还田+间接还田。

4）燃料化利用=直接燃用+生产沼气压块燃料、发电等清洁能源。

5）年秸秆利用量（吨）=自种（吨）+收购/收集（吨）。

6）收购/收集（吨）=本县（吨）+外县本省（吨）+省外（吨）。

（5）地膜。

1）播种面积≥覆膜面积。

2）年地膜使用总量≥地膜年回收总量。

3）回收后焚烧+回收后填埋或废弃+回收后由公司收购≤1。

4）农作物种植情况（播种面积和覆膜种植面积）≥01玉米+02水稻+03小麦+04马铃薯+05大豆+06花生+07油菜+08向日葵+09棉花+10烟草+11甘蔗+12甜菜+13中药材+14花卉+15露地蔬菜+16保护地蔬菜+17瓜类+18果树。

5）残膜回收情况（残膜回收总面积、人工回收面积、机械回收面积）≥01玉米+02水稻+03小麦+04马铃薯+05大豆+06花生+07油菜+08向日葵+09棉花+10烟草+11甘蔗+12甜菜+13中药材+14花卉+15露地蔬菜+16保护地蔬菜+17瓜类+18果树。

5.2.4 手机APP与纸质表格双项校验

在进行数据填报时，纸质表格从档案管理角度需要现场填报以及被调查人签字留痕，所以现场可以使用手机APP和纸质表格来进行双向校验。

5.3 数据上报阶段

数据上报阶段的质量控制主要采用数据审核机制，在上报中逐级审核。质控人员对调查表的填报进行审核，主要包括填报项目是否齐全、准确、符合指标解释；调查信息的逻辑关系是否合理；调查过程现场照片等记录是否满足相关技术规定要求；通过质控系统，根据数学关系，对区域范围中的统一类型数据进行横向校验。

5.3.1 真实性复核

在进行抽样数据填报时（种植业典型地块抽样调查表、畜禽养殖粪污处理调查表、抽样调查县水产养殖场（户）信息表、农作物秸秆利用农户抽样调查表、农户地膜应用及污染调查表），手机APP直接获取填报时GPS位置，不允许修改，并且将信息直接以水印的形式标识在现场的照片上，主要包括经纬度、方位角、拍照时间和拍照用户名信息。

（1）GPS坐标复核。空间图形数据准确性要求作为空间属性数据相关的空间图形数据与原定的区域（面源）、采样点经纬度（点源）等相关信息保持高度一致，如发现有偏差，则整批空间图形数据以及对应的属性数据质量为不合格。此规则中，会对填报数据的GPS进行校验，确保填报人员实地前往预定调查点进行填报。

上报数据中的GPS定位数据与抽样名单中详细地址的定位数据进行对比，两份数据至少要分级数值一致、秒级数值接近，即认为调查员真实到访。若两份数据分级数值不一致，需结合其他材料判断调查员是否真实到访。对于不能提供真实到访证据的，视为无效调查表予以废除。

（2）调查照片复核。查验证明调查员确实到达过调查地点的照片资料：针对种植户拍摄地块地头照片，如有困难可改为集中拍摄村委会现场环境照片、入户拍摄种植户家庭环境照片。针对养殖户、养殖场拍摄现场环境照片。针对企业调查时，与能体现企业名称的建筑装饰等非可移动物品合照，例如企业门口厂名。照片水印显示拍照时间、地理位置坐标。如不符合要求，需结合其他材料判断调查员是否真实到访，对于不能提供真实到访证据的，视为无效调查表予以废除。

5.3.2 基于可视化图表的验证

通过聚类分析、直方图、散点图的方法，对数据进行横向校验，发现数据主要规律，找出离散数据。采用统计学方法（如指标数据正态分布等方法）对极端值数据和离群值数据进行分析审核；对于异常值，按照向调查对象核实或向专家求证的顺序判断实际情况，根据核实情况修改调查数据（图5-1至图5-3）。

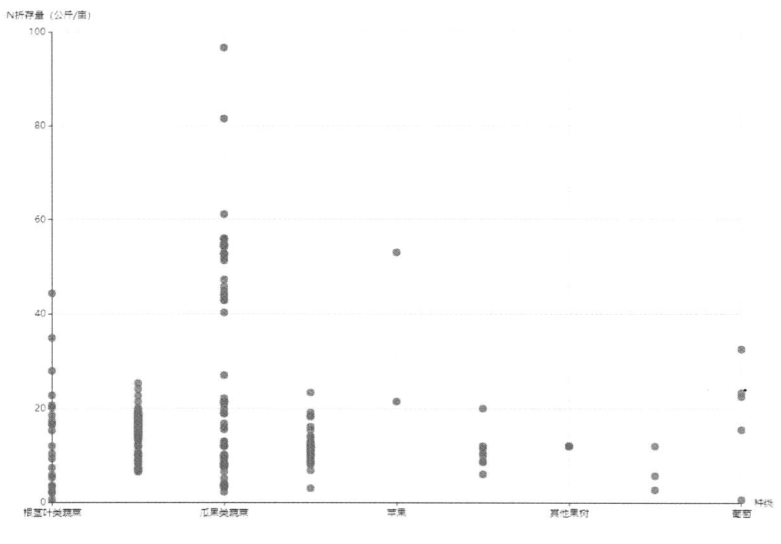

图5-1　N折存量聚类分析

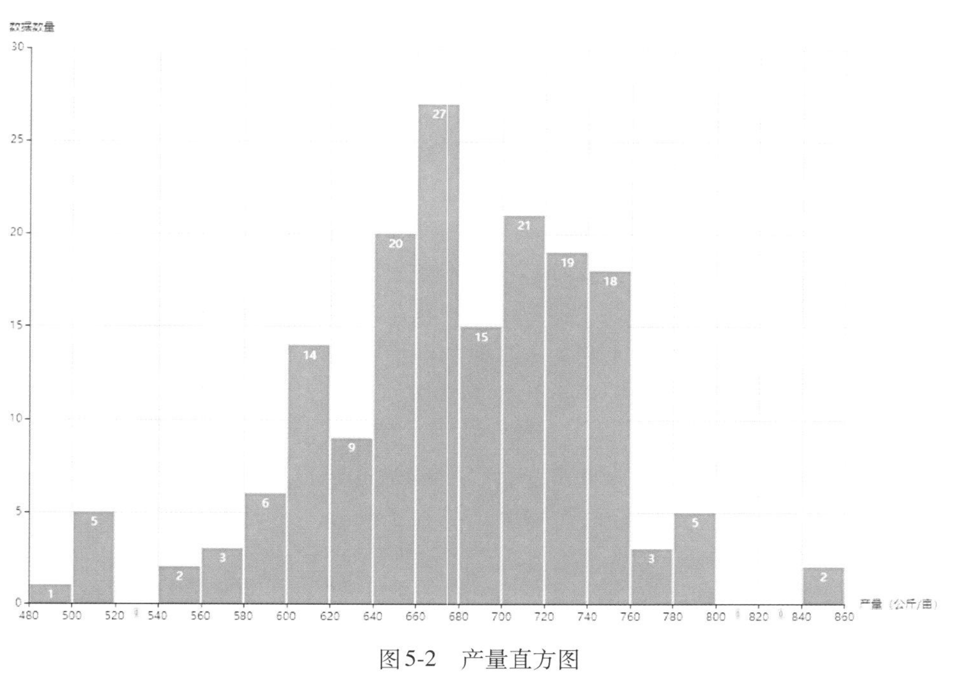

图5-2　产量直方图

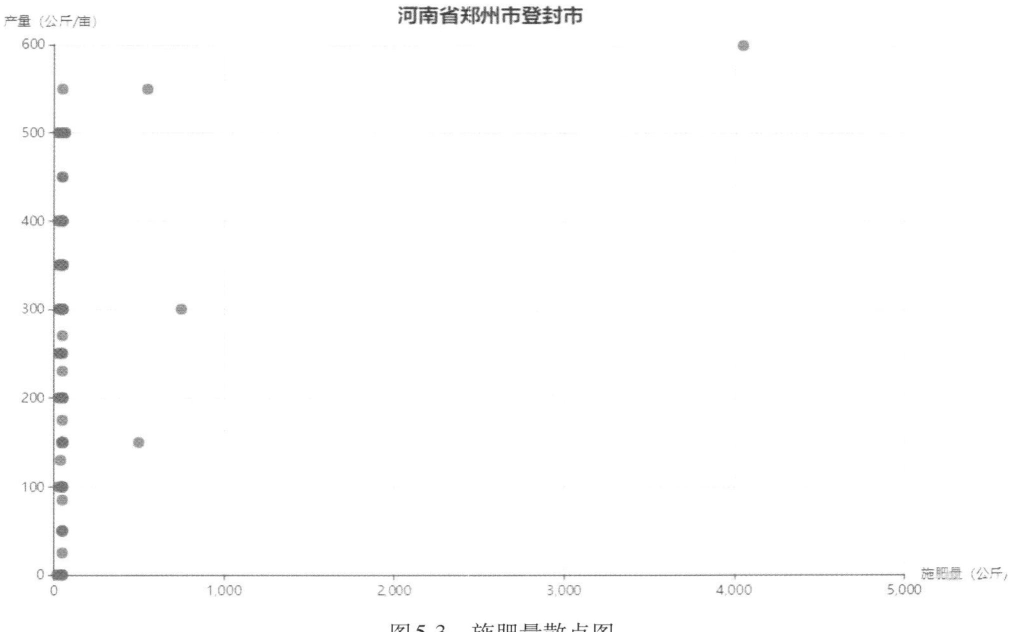

图5-3　施肥量散点图

5.3.3　纸质调查表数据与数据库中数据一致性审核

数据填报完成后，在进行上报时可以按照质检要求随机抽查10%纸质表格与PC网页端的数据进行比对。如不符，需要向调查员或调查对象核实后再修改。

5.3.4 完整性复核

（1）查重。调查对象为农户、养殖户的，根据姓名、电话、地址等筛选重复数据；调查对象为企业的，根据企业名称、联系人电话、地址等筛选重复数据；对于重复数据进行核对，保留数据准确的条目。

（2）查漏。通过软件筛选漏答漏报题目，必答题漏答的需回访补充，选答题漏答的可选择性补充。对比实际调查对象名单和事先确定的抽样名单、样本替换记录，实际调查对象应在事先确定的抽样名单中，不在的需在样本替换记录中，即所有抽样名单都有接触记录，最终调查成功样本量大于等于抽样名单数量。

（3）查配额。检查配额数据是否满足各专题抽查要求。配额不够或漏查的需及时补充相应配额的调查对象数据。如种植业，典型地块分布不能过于集中，原则上应至少选取5个代表性乡（镇）、10个村庄开展调查；地膜调查258个县，每个乡（镇）提交农户调查问卷100份，其中普通农户不少于80户，规模化经营农户不少于15户，农业合作社不少于5户；秸秆抽样调查120个县中选4个乡（镇），从4个乡（镇）中选2个行政村，15户进行入户，每个抽样调查县不少于120户。各省抽样调查点要覆盖所有管辖的国家发布的畜牧养殖大县（586个养殖大县），且每个养殖大县对应的养殖动物（生猪、奶牛、肉牛）的专业户和散户的抽样数量均不低于10户。

5.4 数据入库阶段

针对数据入库工作，首先应保证数据的完整性，确保全面、客观地反映普查结果，不得选择性地舍弃数据，人为干预检测结果。保证普查工作顺利进入数据上报阶段，真实了解当前普查数据录入的质量情况，需对填报过程进行严格把关，以确保普查数据真实可靠。按照《全国农业污染源普查数据审核技术规定》制定数据入库质量控制标准，保证质控工作的严谨性、科学性、以及全面性。对上报数据进行整理分析，建立与验证模块数据格式标准化模型，建立及优化数据校验算法，设计与验证模块大数据区域横向比较模型算法及数据清洗与复核校验算法，其中数据校验主要由基于异常值检测算法的数据校验、横向比对数据校验、基于专业规则的数据校验三部分组成，确保普查数据在全国范围内具有代表性及合理性。数据入库阶段的质量控制主要采用全库数据校验、记录审核等形式进行，对于异常数据可提取出来由专家审核。

（1）基于异常值检测算法的数据校验。从统计学的角度来说，针对相同条件下相同指标填报的数据是集中在一定区域范围的，异常值检测算法能较好地寻找出离散数据。

（2）横向比对数据校验。对具有相似地理条件和生产模式的不同省邻近县进行比较，分析具体数据的合理性。

（3）基于专业规则的数据校验。针对各专业专家提供的检测指标，采用全库校验，找出异常数据。

5.4.1 基于异常值检测算法的数据校验

（1）3sigma异常值检测。3sigma（3σ）准则又称为拉依达准则，它是先假设一组检测数据只含有随机误差，对其进行计算处理得到标准偏差，按一定概率确定一个区间，若数据超过这个区间的误差，便不属于随机误差而是粗大误差，含有该误差的数据应予以剔除。

3sigma能较好地进行异常值检测，但仍具有如下局限性：仅局限于对正态或近似正态分布的样本数据处理；μ、σ对异常值的耐抗性小，异常数据本身会对其造成影响；为保证检测结果的准确性，数据量必须充足。

（2）箱形图异常值检测。箱形图（Box Plot）是一种用作显示一组数据分散情况资料的统计图，因形状如箱子而得名，常见于品质管理。其最大的优点就是不受异常值的影响，可以以一种相对稳定的方式描述数据的离散分布情况。

相较于3sigma，箱形图在异常值检测方面具有一定的优越性，能检测出更多的异常数据。其具有如下特点：四分位仅用于显示数据位置，对异常数据耐抗性高；多达25%的数据可以变得任意远而不会很大地扰动四分位数；为保证检测结果的准确性，数据量不能太小。

（3）Kmeans异常值检测。以空间中k个点为形心进行聚类，对最靠近它们的对象归类。通过迭代的方法，逐次更新各簇的形心的值，直至得到最好的聚类结果。

Kmeans聚类算法用于检测异常值的特点总结如下：以簇的形式进行区分，对异常数据耐抗性较高；如果异常值单独成簇，则该方法效果不理想；为保证检测结果的准确性，数据量不能太小。

（4）异常值算法检测指标。以种植业单季平均N折纯量检测指标为例。

①计算单机平均N折纯量。针对每一张表格，将施用量和N含量按季节和作物计算成单季平均N折纯量。计算公式为：

$$N_{jz} = \frac{\sum_{i=1}^{n} F_i \times K_i}{n}$$

式中，N_{jz}（kg）为第j季z种作物平均N折纯量，单位为千克；F_i（kg）为该季第z种作物第i次施肥量；K_i（%）为该季第z种作物的第i次施肥中，肥料所含养分N含量；n为该季第z种作物总共施肥次数。

②分类对比。将相同行政区划下，同一种植模式的相同作物进行对比。单指标分析分析结果见表5-1至表5-3。

表5-1 单季平均N折纯量——县级异常值算法情况表

县	A：3sigma	B：箱形图	C：Kmeans	A∩B	A∩C	B∩C	A∩B∩C
异常数	75 807	54 975	167 961	44 029	74 798	47 321	43 330
总数	322 029	322 029	322 029	322 029	322 029	322 029	322 029
比率(%)	23.54	17.07	52.16	13.67	23.23	14.69	13.46

表5-2 单季平均N折纯量——市级异常值算法情况表

市	A：3sigma	B：箱形图	C：Kmeans	A∩B	A∩C	B∩C	A∩B∩C
异常数	39 953	28 826	85 238	21 954	35 887	21 160	19 968
总数	322 029	322 029	322 029	322 029	322 029	322 029	322 029
比率(%)	12.41	8.95	26.47	6.82	11.14	6.57	6.20

表5-3 单季平均N折纯量——省级异常值算法情况表

省	A：3sigma	B：箱形图	C：Kmeans	A∩B	A∩C	B∩C	A∩B∩C
异常数	19 438	19 318	23 745	13 752	11 589	8 491	8 107
总数	322 029	322 029	322 029	322 029	322 029	322 029	322 029
比率(%)	6.04	6.00	7.37	4.27	3.60	2.64	2.52

5.4.2 横向比对数据校验

对具有相似地理条件和生产模式的不同省邻近县进行比较，分析具体数据的合理性。

要进行不同省相邻县的数据对比，需要分为以下两步进行：

（1）寻找相邻区县。在中国地图中，找到省界；在省界上绘制一千米的缓冲区；对省界与县界进行缓冲区分析，找出邻省的县；对邻省县靠省一面继续做缓冲区分析，找出其相邻的不同省的区县。

（2）计算指标平均值。求出相邻区县数据指标的平均值，并将其输出为excel或绘制在地图上。该方法能发现潜藏的异常数据，但对人工的依赖性较高。质控人员需要对相似地理条件和生产模式具有明确的判断，并掌控指标的差异程度。

5.4.3 基于专业规则的数据校验

由各专业专家根据表内数据关系，提供科学、完善的检测指标（如：某种作物亩产量的上限值等），并使用质控系统，将所有数据根据专业规则进行校验，找出不满足专业规则的数据。

基于专业规则的数据校验能针对性地检测出各专业的异常数据，但其中针对指标的阈值需由专家根据经验判断。

（1）畜禽养殖业。专业规则审核条件如表5-4所示。

表5-4 畜禽养殖业专业规则审核条件表

编号	指标名	公式及说明
1	多畜种检测	同一张表只能有一种畜种
2	养殖量阈值	生猪＜500，奶牛＜100，肉牛＜50，蛋鸡＜2 000，肉鸡＜10 000
3	用水量空值（0）检测	用水总量不能为0或空
4	用水量>污水产生量	用水总量>污水生产量，污水产生量的值为空时按照0计算
5	污水处理利用方式比例之和=100%	在有污水利用的情况下，污水处理利用比例之和为100%

（续）

编号	指标名	公式及说明
6	粪便处理利用方式比例之和=100%	在有粪便收集的情况下，粪便处理利用比例之和为100%
7	单位畜种圈舍面积阈值	单位畜禽对应圈舍面积最小阈值：生猪1.6米^2，奶牛10米^2，肉牛4米^2，蛋鸡0.04米^2，肉鸡0.025米^2
8	单位畜种用水总量阈值	单位畜禽对应用水总量的最大阈值为生猪12吨/（年·头），奶牛60吨/（年·头），肉牛22.5吨/（年·头），蛋鸡0.75吨/（年·头），肉鸡0.007 5吨/（年·头）
9	单位畜种污水产生量阈值	单位畜禽对应污水产生量的最大阈值为生猪8吨/（年·头），奶牛40吨/（年·头），肉牛15吨/（年·头），蛋鸡0.05吨/（年·头），肉鸡0.005吨/（年·头）
10	单位畜种粪便收集量阈值	单位畜禽对应粪便收集量的最大阈值为生猪2.5吨/（年·头），奶牛20吨/（年·头），肉牛10吨/（年·头），蛋鸡0.09吨/（年·头），肉鸡0.14吨/（年·头）
11	养殖量空值（0）检测	同一张表，所有畜种养殖量之和能为空或0

（2）水产养殖业。专业规则审核条件如表5-5所示。

表5-5　水产养殖专业规则审核条件表

编号	指标名	公式及说明
1	养殖模式区域验证	内陆省份不应出现浅海阀式养殖、海水网箱养殖、海水池塘养殖、海水工厂化养殖。内陆省份名单见表5-6省份临海情况
2	养殖品种区域验证	养殖品种的填写在地域上应符合客观事实，海水养殖品种不应出现在内陆省份中和淡水养殖水体中 淡水养殖品种见表5-7养殖品种分类（养殖水体）
3	产量、投苗量空值检测	产量或投苗量为空
4	面积/体积空值（0）检测	面积/体积不能为空或0
5	产量≥投苗量	一般情况下（当年养成品种）产量应大于投苗量，多年养成品种可根据2017年实际发生数量填写
6	单位产量阈值	单位产量上下限见表5-8养殖模式单位产量范围
7	池塘养殖水深验证	池塘养殖：用水量/养殖面积/667≥0.2米，如有特殊情况需提供说明
8	封闭式水体用水量空值（0）检测	封闭式水体的用水量不能为空或0。封闭式水体包括池塘养殖、工厂化养殖
9	用水量≥换水量	用水量≥换水量

表5-6　省份临海情况

内陆省份	靠海省份
黄河及西北：北京、河南、宁夏、陕西、山西、内蒙古、新疆、青海、甘肃	黄渤海：山东、河北、辽宁、天津
长江中上游：四川、重庆、湖南、湖北、江西、贵州	东海：上海、福建、江苏、浙江
长江下游：安徽	南海：广东、广西、海南

（续）

内陆省份	靠海省份
黑龙江及辽河流域：黑龙江、吉林	
珠江流域：云南	

表5-7　养殖品种分类（养殖水体）

养殖水体	养殖品种
淡水	鲢鱼、鳙鱼、草鱼、鳊鱼、青鱼、鲶鱼、黄颡鱼、鲑鱼、鳟鱼、河鲀、黄鳝、鳜鱼、乌鳢、鲈鱼、鲟鱼、鳗鲡、鲫鱼、鲤鱼、泥鳅、鮰鱼、短盖巨脂鲤、长吻鮠、罗非鱼、池沼公鱼、银鱼、罗氏沼虾、青虾、克氏原螯虾、南美对虾（淡水）、河蟹、河蚌、淡水珍珠、螺、蚬、鳖、蛙、龟、加州鲈
海水	鲈鱼、鲷、美国红鱼、河鲀、石斑鱼、牙鲆、鲽鱼、军曹鱼、大黄鱼、南美对虾（海水）、斑节对虾、中国对虾、日本对虾、梭子蟹、青蟹、蛤、蚶、蛏、牡蛎、扇贝、贻贝、鲍、螺、海蜇、海参、海胆、海水珍珠、鲕鱼、江珧

表5-8　养殖模式单位产量范围

编号	养殖模式	单位产量范围（吨/亩）
1	池塘养殖	0.1＜产量/面积＜3
2	工厂化养殖	0.001吨/米^3＜产量/面积＜0.2吨/米^3
3	网箱养殖	0.01吨/米^2＜产量/面积＜0.2吨/米^2
4	围栏养殖	0.1＜产量/面积＜2
5	浅海筏式	5＜产量/面积＜50
6	滩涂养殖	0.1＜产量/面积＜3
7	其他养殖	0.1＜产量/面积＜10

（3）秸秆。专业规则审核条件如表5-9所示。

表5-9　秸秆专业规则审核条件表

编号	指标名	公式及说明
1	务农时间>2个月	问卷对象应选择2017年在家务农时间2个月以上，对家庭农业活动较为熟悉的人
2	作物品种地域性审核	根据当地农作物种植情况进行品种审核，如北京没有早稻，此处应不填。具体品种信息见表5-10 2017年播种面积=0的省份名单
3	秸秆名称与作物匹配	秸秆名称应与表“2017年播种面积=0的省份名单”作物品种填写一致
4	播种面积验证	播种面积=机械收获面积+人工收获面积
5	各作物单产阈值	作物单产应在当地的合理范围之内，0≤单产≤表5-11各作物亩产上限

表5-10　2017年播种面积=0的省份名单

编号	指标名	公式及说明
1	早稻	北京、天津、河北、山西、内蒙古、辽宁、吉林、黑龙江、上海、江苏、山东、河南、重庆、四川、贵州、陕西、甘肃、青海、宁夏、新疆、西藏

（续）

编号	指标名	公式及说明
2	中稻和一季晚稻	广东、海南、青海
3	双季晚稻	北京、天津、河北、山西、内蒙古、辽宁、吉林、黑龙江、上海、江苏、山东、河南、重庆、四川、贵州、陕西、甘肃、青海、宁夏、新疆、西藏
4	小麦	海南
5	马铃薯	北京、上海、江苏、山东、河南
6	花生	青海
7	棉花	辽宁、吉林、黑龙江、广东、海南、重庆、云南、西藏、青海、宁夏
8	甘蔗	北京、天津、河北、山西、内蒙古、辽宁、吉林、黑龙江、山东、西藏、甘肃、青海、宁夏、新疆

表5-11　各作物亩产上限

编号	作物	亩产上限（千克）
1	早稻	968
2	中稻	1 245
3	晚稻	993
4	小麦	931
5	玉米	1 018
6	大豆	309
7	马铃薯（鲜重）	2 427
8	花生	618
9	油菜	333
10	棉花	295
11	甘蔗	12 689

（4）地膜。专业规则审核条件如表5-12所示。

表5-12　地膜专业规则审核条件

编号	指标名	公式及说明
1	播种≥覆膜≥残膜回收	残膜回收总面积≤覆膜面积≤播种面积
2	覆膜面积空值(0)检测	覆膜面积为空或为0
3	残膜回收总面积检测情况	残膜回收总面积=人工捡拾面积+机械回收面积
4	每亩年地膜使用量阈值	1.5千克/亩≤年地膜使用总量/地膜覆盖面积≤15千克/亩
5	使用≥回收	年地膜使用总量≥年回收总量

5.5　总结

第二次农业污染源普查的质控工作，是确保普查结果的科学合理、真实可靠的强有力手段。本次质控任务在数据填报、数据上报、数据入库各个阶段中，都进行了"全流程、全要素、可追溯”的质控工作。其中，数据入库阶段的质控工作作为重要的质控阶段，也作为第二次农业污染源普查质控工作的最终环节，其质控工作的完整性和严谨性关乎最终入库数据的准确性。

在数据入库阶段的质控工作中，采用“机械+人工”的模式，以机械为辅助、以人工为主导进行：

（1）机械——算法及规则质控。利用计算机优秀的能力，对全库数据进行多方案、全要素的异常值检测，快速定位可疑数据。

①通过基于异常值检测算法的数据校验，将同等类型的数据进行横向对比，筛选出因人工判断失误、单位错填等原因导致的离散数据（非典型数据）。

②通过横向比对数据校验，寻找出相邻省之间、相同模式下、相邻县中差别较大的数据，能在一定程度上减少“为了数据而填报数据的现象”。

③通过基于专业规则的数据校验，针对各专业专家提供的指标进行全库校验，筛选出所有不满足规则的数据。

（2）人工——专家会商。针对算法及规则质控中检测到的异常数据，由专家团队进行会商和最终确认，进一步保证了质控工作的严谨性和规范性，使得最终入库数据的准确性获得极大的提高。

6 普查系统用户体系设计与实现

6.1 农业污染源普查组织架构

在第二次全国农业污染源普查推进工作组（推进组）的领导和管理下，组建国家专家组，由种植业、畜禽养殖业、水产养殖业、地膜、秸秆五个行业内权威专家组成，负责相关专业质量控制和数据审核。各省农业行政主管部门负责组建本省专家组，由省级农业行政主管部门指定种植业、畜禽养殖业、水产养殖业、地膜、秸秆五个行业内权威专家组成，负责相关专业质量控制和数据审核。由市级农业行政主管部门指定种植业、畜禽养殖业、水产养殖业、地膜、秸秆五个行业负责人，负责相关专业质量控制和数据审核。由县级农业行政主管部门指定种植业、畜禽养殖业、水产养殖业、地膜、秸秆五个行业负责人，负责相关专业质量控制和数据审核。县级农业行政主管部门负责组织种植业、畜禽养殖业、水产养殖业、地膜、秸秆的统计调查人员和现场调查人员对五个专业统计数据和现场调查数据进行填报。农业污染源普查组织架构如图6-1所示。

6.2 数据分类分级管理需求

高价值的数据显然需要更严格的保护机制。如果没有实时的数据分类和管控，组织可能低估或高估数据集的价值，导致不准确的风险评估。错误管理将带来安全隐患，甚至发生关键数据泄露事件。而对所有数据都施以最高级别的保护，毫无疑问会造成巨大浪费，高额成本难以承受。数据分类分级能恰当有效地保护重要数据资产。

数据分类更多是从业务角度出发，在理清数据家底后，明确知道哪些数据（其实应该是元数据，更贴切一些应该是字段）属于哪个业务范畴，也就是类别。这个业务范畴囊括的范围可大可小，完全依托于前期基于业务的梳理结果。例如，身份证号这一类数据，既可以属于个人信息范畴，也可以属于个人基本信息范畴，前者的范围明显大于后者。但是做数据分类并不是业务越细分越好，因为很有可能细分业务之后，最终却发现无数据可进行归类，这是典型的分类失败的体现；当然反过来也成立，分类少了，数据归不进去，也是分类失败的体现。

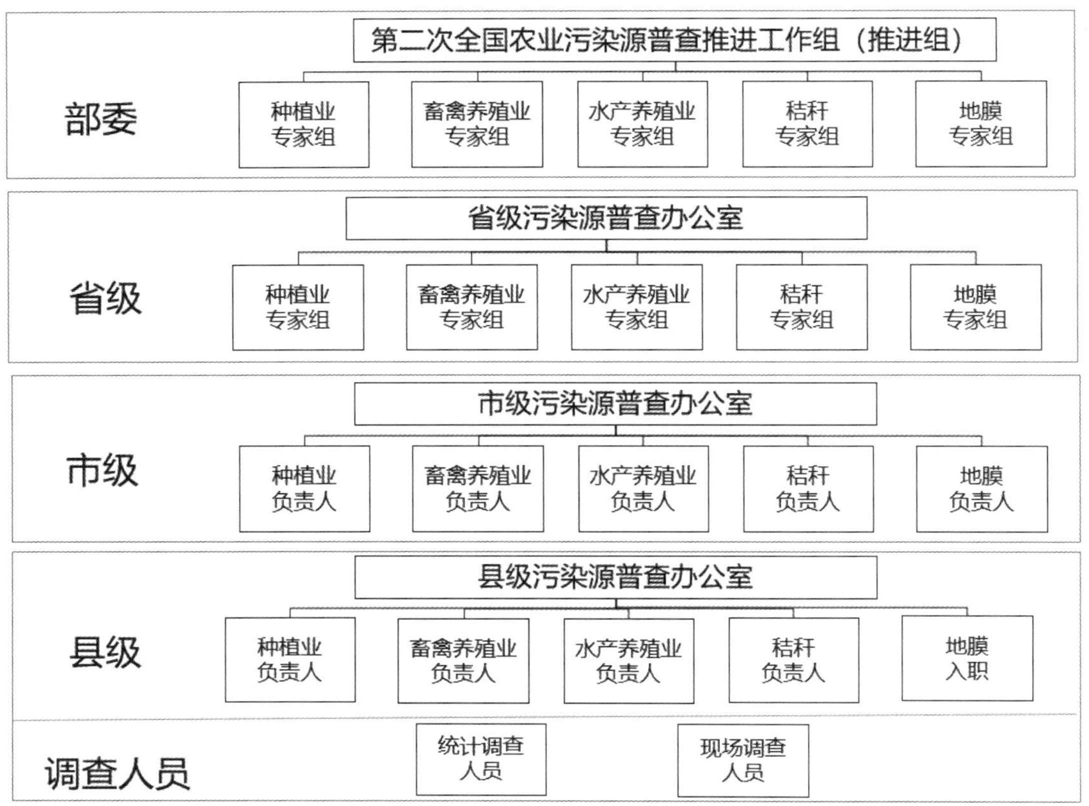

图6-1　农业污染源普查组织架构

数据分级不同于数据分类，对于大多数单位来说，更多是从满足监管要求的角度出发。数据分级属于数据安全领域，或许称作敏感等级更为贴切。单位中的数据有的密级程度高、有的低，有的可公开、有的不可公开，敏感等级不同的数据对内使用时受到的保护策略不同，对外共享开放的程度也不同。

数据分类分级起到承上启下的作用。承上是指从运维制度、保障措施等多个方面的管理体系都需依托数据分类分级进行针对性编制；启下是指根据不同数据级别，实现不同安全防护，如高级数据需要实现细粒度规则管控和数据加密，低级别数据实现单向审计即可。

对于规模的全国农业污染源普查，常常会有众多的参与主体和工作人员：部省市县多级管理单位、专业科研院所、检测化验机构、一线调查员。对普查采集的数据需要分类分级管理。

（1）数据分单位管理。部委、省级、市级、县级管理单位根据业务管理范围不同，只能查看和审核本单位管理范围的数据内容，即部委单位能查看全国数据、省级单位只能查看本省数据、市级单位只能查看本市数据、县级单位只能查看本县数据。

（2）数据分行业管理。种植业、畜禽养殖业、水产养殖业、地膜、秸秆专家和负责人只能查看本行业的数据内容，即种植业专家和负责人只能查看种植业相关数据，畜禽养殖业专家和负责人只能查看畜禽养殖业相关数据，水产养殖业专家和负责人只能查看水产养殖业相关数据，地膜专家和负责人只能查看地膜相关数据，秸秆专业和负责人只能查看秸秆相关数据。

（3）数据分级别管理。县级统计调查人员和县级抽样调查人员能够填报对应专业的数据，且只能够查看和修改自身填报数据。

6.3 统一用户管理平台

构建普查系统用户和权限数据集成统一用户管理平台，统一管理普查中各个信息系统的组织信息和用户信息，简化用户的登录过程，同时提供集中便捷的身份管理、资源管理、安全认证，配置不同的业务域、独立的业务组织体系模型，并且对于不同权限级别的用户和管理员都有不同的系统功能和数据访问范畴，以满足用户对信息系统使用的方便性和安全管理的要求。

要实现统一和集中管理应用系统的权限，首先必须要让系统能够将其自身的权限结构如实地反映在统一授权系统中。如果不能做到这一点，就可能无法完全满足系统的业务需求，不但系统整合的效果将受到很大的影响，同时也将阻碍权限授予以及其他统一授权功能的实施。

权限大致可以分为以下两类：

（1）功能权限。例如用户是否可以进行新增表的操作，或者用户是否能够审核填报数据等。这些权限都代表了用户执行某种功能或者实施某种操作的能力。

（2）数据权限。例如，两个用户都可以进行某种操作，但是他们可以操作的数据范围却不一样。如省级审核员可以审核本省的数据，而市级审核员只能审核本市的数据，这种权限代表了用户在操作某些数据时的广度或者深度。

6.3.1 统一用户管理

建立一套集中的普查用户信息库，利用同步接口提供的功能，把所有的系统用户进行统一存放，系统管理员在一个平台上统一管理用户在各个系统中的账号和密码，形成一套全局用户库，统一管理，作为所有应用的用户源。在人员离职、岗位变动时，只需在管理中心一处更改，即可限制其访问权限，消除对后台系统非法访问的威胁。这方便了用户管理，也防止过期的用户身份信息未及时删除带来的安全风险。

遵循W3C的业界标准，采用LDAP（轻量目录访问协议，一个开放的目录服务标准）来建构统一用户信息数据库。LDAP已成为未来身份认证和身份管理的标准，具有很好的操作性和兼容性。基于LDAP可以搭建一个统一身份认证和管理框架，并提供开发接口给各应用系统，为应用系统的后续开发提供了统一身份认证平台和标准，支持LDAP、JDBC、Web Service、Openid等多种身份认证方式。

在普查系统中，上级管理员可创建下级管理员，本级管理员可创建本级审核员，县级管理员可创建县级统计调查员、县级抽样调查员。普查系统用户创建流程如图6-2所示。

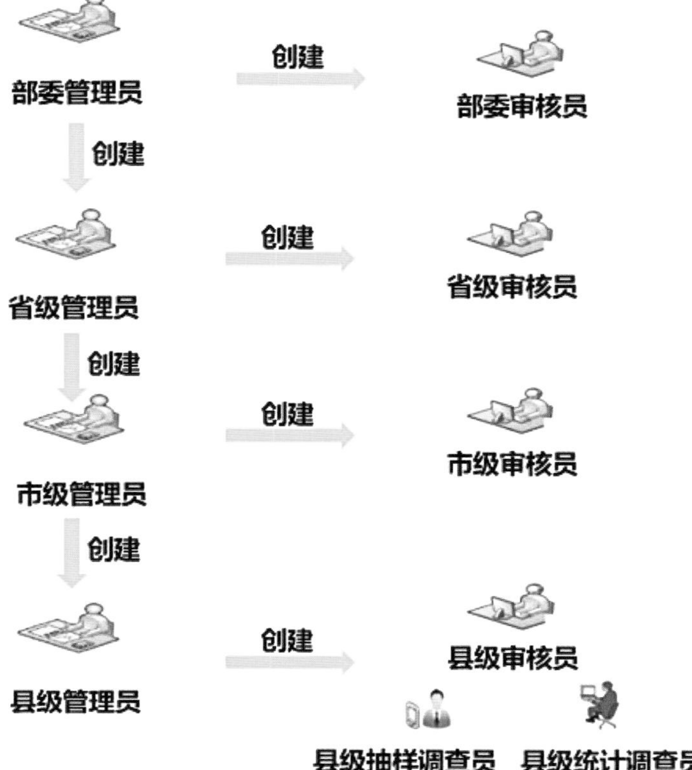

图6-2 用户创建流程

6.3.2 统一角色管理

系统通过用户、角色、权限机制管理统一身份认证平台本身和平台中所有应用系统中需要使用到的角色信息，极大地方便了用户的权限分配。根据普查业务建立对象用户角色，主要设置4级31个用户角色（图6-3）。

（1）部委管理员职责。创建部委审核员用户。包括：部委种植业审核员、部委秸秆审核员、部委畜禽养殖业审核员、部委水产养殖业审核员、部委地膜审核员。

（2）省级管理员职责。

①创建省级审核员用户。包括：省级种植业审核员、省级秸秆审核员、省级畜禽养殖业审核员、省级水产养殖业审核员、省级地膜审核员。可以设置一个专业一个省级审核员或者一个省级审核员是多个专业的审核员。

②创建市级管理员。

（3）市级管理员职责。

①创建市级审核员。包括：市级种植业审核员、市级秸秆审核员、市级畜禽养殖业

图6-3 用户角色

审核员、市级水产养殖业审核员、市级地膜审核员。可以设置一个专业一个市级审核员或者一个市级审核员是多个专业的审核员。

②创建县级管理员。

(4) 县级管理员职责。

①创建县级审核员用户。包括：县级种植业审核员、县级秸秆审核员、县级畜禽养殖业审核员、县级水产养殖业审核员、县级地膜审核员。可以设置一个专业一个县级审核员或者一个县级审核员是多个专业的审核员。

②创建调查员用户。包括：县级种植业抽样调查员、种植业县级统计调查员、县级秸秆抽样调查员、秸秆县级统计调查员、县级畜禽养殖业抽样调查员、县级水产养殖业抽样调查员、县级地膜抽样调查员。可以设置一个专业一个调查员或者一个调查员是多个专业的调查员。

(5) 省级审核员职责。

①设置某县有无上报任务。分5个专业设置：

种植业县级调查表和抽样调查表：省级种植业审核员，任务下发到所有的区县，可以设置某个区县不上报任务。

畜禽抽样调查表：省级畜禽养殖业审核员，任务下发到所有的区县，可以设置某个区县不上报任务。

秸秆抽样调查表：省级秸秆审核员，秸秆任务下发到指定120个区县。

水产抽样调查表：省级水产养殖业审核员，水产养殖业任务下发到指定100个区县。

地膜抽样调查表：省级地膜审核员，地膜任务下发到指定258个区县。

②数据审核。分5个专业审核：

省级种植业审核员：负责种植业抽样调查表和种植业县级调查表数据的审核。
省级秸秆审核员：负责秸秆抽样调查表数据的审核。
省级畜禽养殖业审核员：负责畜禽养殖业抽样调查表数据的审核。
省级水产养殖业审核员：负责水产养殖业抽样调查表数据的审核。
省级地膜审核员：负责地膜抽样调查表数据的审核。
或者一个省级审核员可以审核多个专业（省级管理员设置的权限）
③任务状态。分5个专业查看：
省级种植业审核员：可以看见种植业抽样调查表和种植业县级调查表的任务状态。
省级秸秆审核员：可以看见秸秆抽样调查表的任务状态。
省级畜禽养殖业审核员：可以看见畜禽养殖业抽样调查表的任务状态。
省级水产养殖业审核员：可以看见水产养殖业抽样调查表的任务状态。
省级地膜审核员：可以看见地膜抽样调查表的任务状态。
一个省级审核员可以看见多个专业的任务状态（省级管理员设置的权限）。

(6) 市级审核员职责。

①数据审核。分5个专业审核：
市级种植业审核员：负责种植业抽样调查表和种植业县级调查表数据的审核。
市级秸秆审核员：负责秸秆抽样调查表数据的审核。
市级畜禽养殖业审核员：负责畜禽养殖业抽样调查表数据的审核。
市级水产养殖业审核员：负责水产养殖业抽样调查表数据的审核。
市级地膜审核员：负责地膜抽样调查表数据的审核。
一个市级审核员可以审核多个专业（市级管理员设置的权限）。
②任务状态。分5个专业查看：
市级种植业审核员：可以看见种植业抽样调查表和种植业县级调查表的任务状态。
市级秸秆审核员：可以看见秸秆抽样调查表的任务状态。
市级畜禽养殖业审核员：可以看见畜禽养殖业抽样调查表的任务状态。
市级水产养殖业审核员：可以看见水产养殖业抽样调查表的任务状态。
市级地膜审核员：可以看见地膜抽样调查表的任务状态。
市级审核员可以看见多个专业的任务状态（市级管理员设置的权限）。

(7) 县级审核员职责。

①接受任务。
县级种植业审核员：接受种植业抽样调查表和种植业县级调查表的任务。
县级秸秆审核员：接受秸秆抽样调查调查的任务。
县级畜禽养殖业审核员：接受畜禽养殖业抽样调查表的任务。
县级水产养殖业审核员：接受水产养殖业抽样调查表的任务。
县级地膜审核员：接受地膜抽样调查表的任务。
县级审核员可以接受多个专业任务（县级管理员设置的权限）。
②数据审核。
县级种植业审核员：负责种植业抽样调查表和种植业县级调查表数据的审核。

县级秸秆审核员：负责秸秆抽样调查表、秸秆农户抽样调查数据的审核。

县级畜禽养殖业审核员：负责畜禽养殖业抽样调查表数据的审核。

县级水产养殖业审核员：负责水产养殖业抽样调查表数据的审核。

县级地膜审核员：负责地膜抽样调查表数据的审核。

县级审核员可以审核多个专业（县级管理员设置的权限）。

③任务状态。

县级种植业审核员：可以看见种植业抽样调查表和种植业县级调查表的任务状态。

县级秸秆审核员：可以看见秸秆抽样调查表的任务状态。

县级畜禽养殖业审核员：可以看见畜禽养殖业抽样调查表的任务状态。

县级水产养殖业审核员：可以看见水产养殖业抽样调查表的任务状态。

县级地膜审核员：可以看见地膜抽样调查表的任务状态。

县级审核员可以看见多个专业的任务状态（县级管理员设置的权限）。

④上报企业名单。

县级秸秆审核员：负责企业名单上报。

（8）**县级种植业抽样调查员职责**。负责种植业典型地块抽样调查表的采集数据上报。

（9）**种植业县级统计调查员职责**。负责种植业县级基本情况调查表的采集数据上报。

（10）**县级秸秆抽样调查员职责**。负责秸秆基料化利用企业和合作社普查表、秸秆热解气化和炭化工程普查表、秸秆有机肥生产企业和合作社普查表、秸秆原料化利用企业和合作社普查表、秸秆沼气工程普查表、农作物秸秆利用农户抽样调查表、农作物秸秆饲料化利用企业和合作社普查表、专业从事农作物秸秆收储运的企业普查表、秸秆发电企业普查表、秸秆固化成型燃料生产企业普查表的采集数据上报。

（11）**秸秆县级统计调查员职责**。负责秸秆乡镇面积维护及乡镇抽样、行政村面积维护及行政村抽样、抽户表维护及户抽样。

（12）**县级畜禽养殖业抽样调查员职责**。负责“养殖户/散养户畜禽粪污处理调查表”的采集数据上报。

（13）**县级水产养殖业抽样调查员职责**。负责“水产养殖业信息抽查表”的采集数据上报。

（14）**县级地膜抽样调查员职责**。负责农户地膜应用及污染调查表乡镇地膜应用及污染调查表的采集数据上报。

6.3.3 统一应用管理

管理纳入平台的各应用系统的应用功能点和应用权限。各个业务系统对权限分配的结果都有各自不同的展现方式，为使各个应用系统能够将组织机构管理和权限分配的结果实实在在地应用到各个业务系统中，组织机构及权限管理子系统向各个业务系统提供了统一的应用程序接口。接口以Web Service形式提供，为方便各个业务系统操作，接口的返回值以XML格式为主。各个业务系统根据权限管理子系统的返回值可以自行决定如何展现权限分配的结果。

6.3.4 统一授权管理

实现用户与角色、角色与功能的对应管理，实现菜单权限、数据权限、资源权限等多种权限分发管理。同时，实现权限策略的定制和调用，便于实现与应用流程的紧密结合。

动态菜单实现原理：数据库给不同用户赋予不同的菜单权限；用户登录获取菜单列表；前端路由加载菜单。

按钮控制原理：数据库给不同用户赋予不同的按钮权限；用户登录获取按钮权限数组；判断是否有权限，按钮组件v-if来控制显示与否。

6.3.5 登录登出

登录的原理即用户输入用户密码，系统拿用户信息到用户管理模块进行认证，如果通过即可进入系统；再拿用户信息到权限管理模块进行鉴权，查询用户权限，之后用户就可以对系统进行操作。

登录流程最基本的输入是用户名和密码，通常还会有三种配置：一是记住密码；二是忘记密码；三是密码尝试次数（即最多输错几次密码，就会锁住不让登录），管理员可在系统设置中配置最大次数。除此之外，登录流程更重要的就是异常情况的处理，比如用户是否存在、用户密码是否正确等。系统需要告知用户异常信息，并引导用户进行后续操作。

实现普查系统单点登录，只维护一套用户名和密码即可实现不同系统间的跳转，只需登录一次即可登录到多个系统，避免重复登录操作。使用单点登录是一种控制多个相关但彼此独立的系统的访问权限，拥有这一权限的用户可以使用单一的用户名和密码访问某个或多个系统从而避免使用不同的用户名或密码，或者通过某种配置无缝地登录每个系统，将用户体系模块作为和其他系统平级的系统进行设计研发。

登出分为手动登出和自动登出。手动登出即用户自己点击登出按钮，退出系统。浏览器会记住用户登录状态，如果用户离开或者用户直接关闭浏览器，其他用户还可以打开浏览器继续操作系统，这存在一定的风险。如果设置了自动登出时间，比如半小时，时间到则系统自动登出，跳转到登录界面，保证系统安全。其次就是浏览器保存用户登录状态，可以作为一个系统配置项，让管理员去设置。

6.4 用户体系功能及设计

基于角色的访问控制（Role-Based Access Control，RBAC），就是用户通过角色与权限进行关联。简单地说，一个用户拥有若干角色，每一个角色拥有若干权限，这样就构成“用户—角色—权限”的授权模型。在这种模型中，用户与角色之间、角色与权限之间一般是多对多的关系。在普查系统中，基于普查的31种角色对系统进行了权限控制。

HTTP是一种无状态的协议，也就是HTTP没法保存客户端的信息，没办法区分每次请求的不同。Token是服务器生成的一串字符，作为客户端请求的令牌。当第一次登录后，服务器会分发Tonken字符串给客户端。后续的请求，客户端只需带上这个Token，服务器即可知道是该用户的访问。使用Token可以实现权限管理、身份验证，防止同一账号异地登录。

Token的验证过程：①客户端。以用户名和密码请求登录。②服务器。收到请求，验证用户名和密码，验证成功后分发一个Token返回给客户端。③客户端。将Token存储，例如放在 Cookie 里或者 Local Storage 里，后续每次请求，带上此Token。④服务器。收到请求，验证Token是否正确，验证成功后返回请求数据。在实际使用中，客户端请求接口+Token。服务器验证是否能通过Token找到用户，若不能——该Token不正确，验证Token是否失效，若失效——凭证已失效，到权限表查询是否在权限内，若没有——该用户未分配资源。

普查系统用户登录流程：①前端发送登录表单：用户名+密码。②后端接收：map接收。③登录校验，根据手机号查询用户，不存在：提示用户名或者密码错误。校验密码：不存在：提示用户名或者密码错。④生成Token返回。⑤接收Token存储到Vuex Store和Cookie中，Vuex Store Token 每次从Cookie获取。⑥路由请求拦截器，每次发送请求携带Token。判断是否有Token，有就在请求中携带。

用户信息（权限信息）的获取和存储要实现前端权限校验：①登录成功后，请求用户信息，携带Token，Token中携带用户ID。②根据用户ID，获取菜单权限，菜单权限为2级层级数据，符合前端路由要求。③按钮权限获取，为字符串集合。④前端接收和存储，接收后存储Vuex Store中。

6.4.1 用户管理

注册新用户需要填写的信息分为基础信息和附加业务信息。基础信息为用户名和密码，用户名设计时需考虑一些限制，比如重名、用户名组成等；密码也有很多的设计要求，比如密码强度（字母、数字、特殊字符等）、密码有效时间（即多久会需要更换一次密码）等。密码的要求可设计为配置项，让管理员根据业务需求去配置。附加业务信息根据系统业务要求决定，比如手机号、邮箱、个人信息等。

当用户注册成功后，就会出现在用户表中，一般会有两种对用户的管理：一是用户对自身管理，比如修改个人信息、密码等操作；二是管理员对用户管理，比如授权角色、禁用启用账号、删除用户、重置密码等。系统除了创建用户，还可以同步第三方系统用户，比如使用LDAP方式同步用户目录。但系统无法对同步的用户进行任何操作，因为用户管理在第三方系统。主要功能有支持用户列表展示、用户创建、用户更新、用户查询、用户删除、用户停用、用户启用、用户密码重置、用户详情。

用户表用于存储普查系统中用户的信息，用户名、密码、邮箱、电话、单位等信息均存储至此表中（表6-1）。

表6-1 用户表

序号	字段名	中文名	数据类型	主键	非空
1	ID	唯一编码	VARCHAR(32)	√	√
2	USERNAME	用户名	VARCHAR(32)		√
3	NICENAME	姓名	VARCHAR(32)		√
4	PHONE	电话	VARCHAR(32)		√
5	STATUS	状态	INT		√
6	EMAIL	电子邮箱	VARCHAR(32)		
7	PASSWORD	密码	VARCHAR(128)		√
8	DEL_FLAG	删除标识	INT		√
9	DEPARTMENT	单位科室	VARCHAR(32)		
10	ORGANIZATION	单位名称	VARCHAR(32)		
11	CREATED_BY	创建人	VARCHAR(32)		√
12	CREATED_TIME	创建时间	DATETIME		√
13	UPDATED_BY	更新人	VARCHAR(32)		√
14	UPDATED_TIME	更新时间	DATETIME		√

6.4.2 角色管理

用户是系统的操作者，权限是对业务资源的控制，两者通过角色关联。将用户和权限直接进行绑定是否可行？答案肯定是可以的，但问题在于复用性和灵活性。比如一个系统有10个基础权限（每个用户都需要有），100个用户就要进行1 000次操作，而使用RBAC则只需要定义一个具有10个基础权限的角色，并将该角色授权给100个用户，最多进行110次操作，后期修改用户权限，只需要修改角色权限即可。角色的管理可以进行创建角色，修改角色权限，以及删除角色。当修改角色权限后，具有该角色的用户权限也会被更新。删除角色是个严肃且具有一定危险的操作，因为可能会导致用户无法访问系统或系统资源，所以尽量给一个删除确认的交互。

为了对许多拥有相似权限的用户进行分类管理，定义了角色的概念，例如在普查系统中有管理员、审核员、调查员等角色。主要功能有支持角色列表信息展示和导出、角色创建、角色更新、角色查询、角色删除、角色用户（可给角色添加新用户或者选择已有用户）、角色授权（主要授权菜单、资源、数据规则权限）。

（1）角色表。该表用于普查系统中设计的所有角色信息，用户在系统中被分配的所有角色都存储在该表中（表6-2）。

表6-2 角色表

序号	字段名	中文名	数据类型	主键	非空
1	CODE	角色编号	VARCHAR(32)	√	√
2	NAME	角色名称	VARCHAR(32)		√
3	TYPE	角色分类	VARCHAR(32)		

（续）

序号	字段名	中文名	数据类型	主键	非空
4	CREATED_BY	创建人	VARCHAR(32)		✓
5	CREATED_TIME	创建时间	DATETIME		✓
6	UPDATED_BY	更新人	VARCHAR(32)		✓
7	UPDATED_TIME	更新时间	DATETIME		✓

（2）用户角色关系表。该表用于存储普查系统中用户和角色的关联关系，用户被分配的所有角色的关系信息都存储至此表中（表6-3）。

表6-3 用户角色关系表

序号	字段名	中文名	数据类型	主键	非空
1	USER_ID	用户编号	VARCHAR(32)		✓
2	ROLE_ID	角色编号	VARCHAR(32)		✓
3	CREATED_BY	创建人	VARCHAR(32)		✓
4	CREATED_TIME	创建时间	DATETIME		✓
5	UPDATED_BY	更新人	VARCHAR(32)		✓
6	UPDATED_TIME	更新时间	DATETIME		✓

6.4.3 机构管理

创建用户的时候，可以直接分配给该用户一些组和某个机构，也可以在创建完成之后再重新分配。主要功能有支持机构列表信息展示和树状结构展示（列表信息可导出）、机构创建（可创建同级机构或子级机构）、机构更新、机构删除、机构查询、机构角色（可给机构绑定角色）、机构人员（可给机构绑定用户）。

（1）机构表。该表用于存储普查系统中涉及的机构信息，上下级关系也维护在该表中（表6-4）。

表6-4 机构表

序号	字段名	中文名	数据类型	主键	非空
1	CODE	编号	VARCHAR(32)	✓	✓
2	PCODE	父编号	VARCHAR(32)		✓
3	NAME	机构名称	VARCHAR(32)		✓
4	CREATED_TIME	创建时间	DATETIME		✓
5	UPDATED_BY	更新人	VARCHAR(32)		✓
6	UPDATED_TIME	更新时间	DATETIME		✓

（续）

序号	字段名	中文名	数据类型	主键	非空
7	CREATED_BY	创建人	VARCHAR(32)		√
8	SORT_NO	排序	DECIMAL(32，10)		

（2）用户机构关系表。该表用于存储用户和机构的关联信息，每个用户可以属于多个机构，关联信息存储至此表中（表6-5）。

表6-5 用户机构关系表

序号	字段名	中文名	数据类型	主键	非空
1	USER_ID	用户编号	VARCHAR(32)		√
2	COMPANY_ID	机构编号	VARCHAR(32)		√
3	CREATED_BY	创建人	VARCHAR(32)		√
4	CREATED_TIME	创建时间	DATETIME		√
5	UPDATED_BY	更新人	VARCHAR(32)		√
6	UPDATED_TIME	更新时间	DATETIME		√

（3）机构角色关系表。该表用于存储机构可分配的角色，每个机构可以添加用户，用户对应的角色是跟这个机构有绑定关系的，机构和角色的绑定关系信息均存储至此表中（表6-6）。

表6-6 机构角色关系表

序号	字段名	中文名	数据类型	主键	非空
1	COMPANY_ID	机构编号	VARCHAR(32)		√
2	ROLE_ID	角色编号	VARCHAR(32)		√
3	CREATED_BY	创建人	VARCHAR(32)		√
4	CREATED_TIME	创建时间	DATETIME		√
5	UPDATED_BY	更新人	VARCHAR(32)		√
6	UPDATED_TIME	更新时间	DATETIME		√

6.4.4 菜单管理

根据用户角色的权限进行菜单管理，根据用户的权限显示操作菜单。角色权限表是每个角色所对应的菜单权限（图6-4）。主要功能有支持菜单列表信息展示和树状结构展示（列表信息可导出）、菜单创建（可设置访问路径和页面展示组件，可创建同级菜单和子级菜单）、菜单更新、菜单删除、菜单查询、资源列表、资源创建、资源更新、资源删除、资源查询、资源规则（可配置资源的数据访问规则，用于角色授权）。

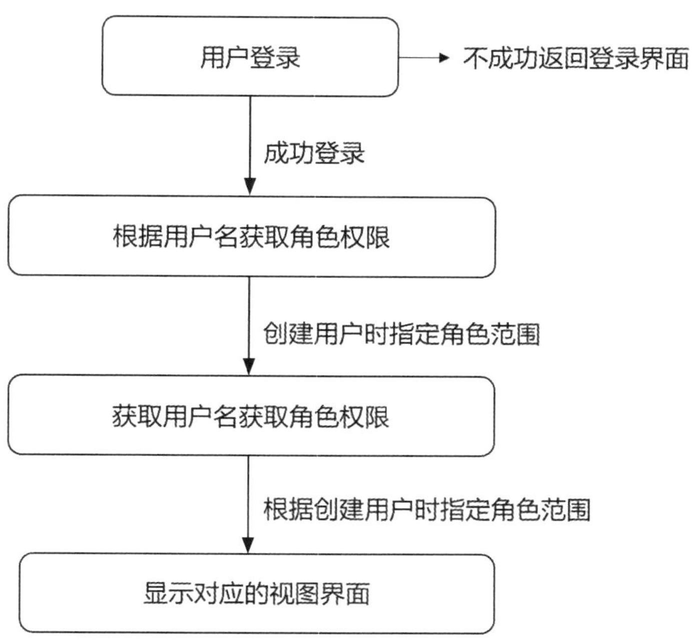

图6-4　根据用户权限显示操作菜单

（1）菜单表。该表用于存储普查系统中的菜单信息，用户在系统中添加和配置的菜单信息均存储至此表中，菜单数据有上下级关系，通过编号和父编号进行关联（表6-7）。

表6-7　菜单表

序号	字段名	中文名	数据类型	主键	非空
1	CODE	编号	VARCHAR(32)	√	√
2	PCODE	父编号	VARCHAR(32)		√
3	NAME	菜单名称	VARCHAR(32)		√
4	CREATED_TIME	创建时间	DATETIME		√
5	CREATED_BY	创建人	VARCHAR(32)		√
6	UPDATED_BY	更新人	VARCHAR(32)		√
7	UPDATED_TIME	更新时间	DATETIME		√
8	URI	菜单路径	VARCHAR(128)		√
9	COMPONENT	菜单组件	VARCHAR(128)		√
10	ICON	菜单图标	VARCHAR(32)		
11	SORT_NO	菜单排序	DECIMAL(32，10)		

（2）角色菜单关系表。该表用于存储普查系统中角色和菜单的关联关系，角色在被授权时，主要分配三部分权限，即数据权限、资源权限和菜单权限，菜单权限信息存储至此表中（表6-8）。

表6-8 角色菜单关系表

序号	字段名	中文名	数据类型	主键	非空
1	ROLE_ID	角色编号	VARCHAR(32)		✓
2	MENU_ID	菜单编号	VARCHAR(32)		✓
3	CREATED_BY	创建人	VARCHAR(32)		✓
4	CREATED_TIME	创建时间	DATETIME		✓
5	UPDATED_BY	更新人	VARCHAR(32)		✓
6	UPDATED_TIME	更新时间	DATETIME		✓

6.4.5 权限管理

权限是对业务资源对象操作的抽象，通过一个标志进行完整的解释和代替权限。权限列表需要具有完整性和扩展性，如果不完整，则无法进行灵活的自定义角色；如果无法扩展，后期系统新增加的业务资源则无法控制。一般是将菜单作为粗粒度的资源对象，有时将菜单下的某个页面或表格作为资源对象。操作一般就是增、删、改、查。比如用户是一个资源对象，那么就可以有四个权限，即查看用户列表、创建用户、修改用户信息、删除用户。

数据权限是指用户是否能够看到某些数据。主要应用在数据有保密要求，或数据量大，需按用户或角色来进行区分时。例如：县级种植业审核员在后台可以看到所有县级统计调查员和县级抽样调查员填报数据，但县级抽样调查员只能看到自己填报的数据。数据权限的颗粒度由粗到细可以分为菜单级、栏目级、字段级，一般配置页面都可以灵活操作。操作权限是指用户是否能够操作对应按钮。需要先有数据权限，才有操作权限，所以需要增加系统自动校验：选择了操作权限，就默认勾选了数据权限；取消了数据权限，就自动取消了操作权限。

在普查应用系统中，对功能模块的操作、对上传数据的删改、菜单的访问，甚至页面上某个按钮、某个图片的可见性控制，都可属于权限的范畴。有些权限设计会把功能操作作为一类，而把文件、菜单、页面元素等作为另一类，这样构成“用户—角色—权限—资源”的授权模型。而在做数据表建模时，可把功能操作和资源统一管理，也就是都直接与权限表进行关联，这样可能更具便捷性和易扩展性。具体通过菜单权限、资源访问权限、数据规则权限进行配置。

（1）数据规则表。该表用于存储普查系统中数据规则的信息，用户在配置菜单时为每个资源配置的数据访问规则信息都存储至此表中（表6-9）。

表6-9 数据规则表

序号	字段名	中文名	数据类型	主键	非空
1	RULE_ID	编号	VARCHAR(32)	✓	✓
2	RES_ID	资源编号	VARCHAR(32)		✓
3	NAME	名称	VARCHAR(32)		✓

（续）

序号	字段名	中文名	数据类型	主键	非空
4	CREATED_BY	创建人	VARCHAR(32)		√
5	CREATED_TIME	创建时间	DATETIME		√
6	UPDATED_BY	更新人	VARCHAR(32)		√
7	UPDATED_TIME	更新时间	DATETIME		√
8	RULE_COLUMN	规则字段	VARCHAR(32)		√
9	RULE_CONDITIONS	条件规则	VARCHAR(32)		√
10	RULE_VALUE	规则值	VARCHAR(128)		√

（2）资源信息表。该表用于存储普查系统框架信息，系统中所有提供访问的权限信息都是资源，该表记录的系统中涉及的所有资源，资源又分很多种类，如API资源和Button资源（功能资源），每个资源都跟菜单进行挂接（表6-10）。

表6-10　资源信息表

序号	字段名	中文名	数据类型	主键	非空
1	RES_ID	编号	VARCHAR(32)	√	√
2	RES_NAME	资源名称	VARCHAR(32)		√
3	RES_URI	资源路径	VARCHAR(32)		√
4	CREATED_BY	创建人	VARCHAR(32)		√
5	CREATED_TIME	创建时间	DATETIME		√
6	UPDATED_BY	更新人	VARCHAR(32)		√
7	UPDATED_TIME	更新时间	DATETIME		√
8	RES_TYPE	资源类型	VARCHAR(32)		√
9	RES_METHOD	请求类型	VARCHAR(32)		√
10	MENU_ID	菜单编号	VARCHAR(32)		√

（3）角色资源关系表。该表用于存储角色和资源的关系信息，每个角色可以绑定菜单、资源和数据规则，角色和资源的关联信息均存储至此表中（表6-11）。

表6-11　角色资源关系表

序号	字段名	中文名	数据类型	主键	非空
1	ROLE_ID	角色编号	VARCHAR(32)		√
2	CREATED_BY	创建人	VARCHAR(32)		√
3	CREATED_TIME	创建时间	DATETIME		√
4	UPDATED_BY	更新人	VARCHAR(32)		√
5	UPDATED_TIME	更新时间	DATETIME		√
6	RES_ID	资源编号	VARCHAR(32)		√

（4）**角色数据规则关系表**。该表用于存储角色和数据规则的关联信息，角色分配的所有数据规则的关联信息都存储至此表中（表6-12）。

表6-12 角色数据规则关系表

序号	字段名	中文名	数据类型	主键	非空
1	ROLE_ID	角色编号	VARCHAR(32)		√
2	CREATED_BY	创建人	VARCHAR(32)		√
3	CREATED_TIME	创建时间	DATETIME		√
4	RULE_ID	数据规则编号	VARCHAR(32)		√
5	UPDATED_BY	更新人	VARCHAR(32)		√
6	UPDATED_TIME	更新时间	DATETIME		√

7 普查审批工作流设计与实现

7.1 普查审批流程

预先按照《全国农业污染源普查数据录入技术规定》和相关技术规定对主要质控指标规定入库数据质量控制标准，由计算机对调查机构、采样单位、制样单位、检测实验室报送的普查数据进行自动识别，对不符合入库质量标准的数据拒绝入库，并将数据质量问题实时反馈给数据报送单位或填报人员（图7-1）。

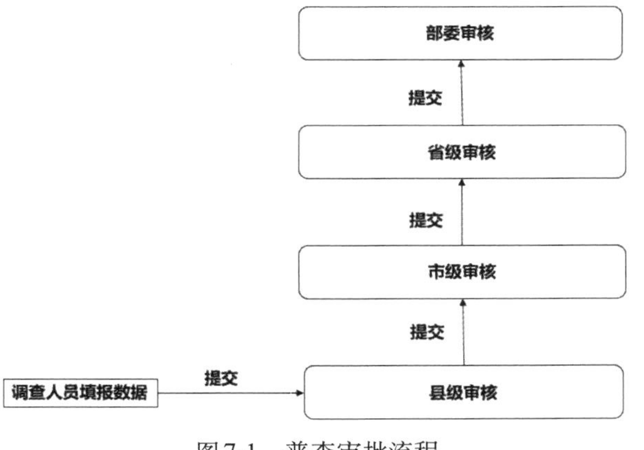

图7-1　普查审批流程

（1）本级审核。县（区）级普查机构组织对本级普查数据的全面审核，县（区）普查机构要建立完善普查表交接验收制度、录入工作制度和数据录入岗位责任制，设录入人员和审核人员岗位。

数据录入后，一定要进行计算机审核操作；根据本地区的实际情况，对于计算机审核出的提示信息须查明原因，进行校正或上报时附加说明。如为填表错误，则需进一步核实，更正普查表，重新录入。审核人员对调查表的填报进行审核，主要包括填报项目是否齐全、准确，是否符合指标解释；对调查信息的逻辑关系和合理性进行审核；调查过程现场照片等记录是否满足相关技术规定要求。普查汇总数据必须由普查机构负责人审核后方能报上一级。

（2）**上级审核**。在国家普查机构的统一领导下，省市级普查机构派督导组参与指导审核。县（区）级以上普查机构对下一级普查机构上报的数据进行严格的审核把关，保证上报数据符合质量控制要求。发现异常情况和错误信息要及时反馈下级机构进行检查、核实，对经审核不符合质量控制要求的数据退回报送单位进行修正，并限时重报。

上级审核分三级进行，即地市级普查机构组织对县（区）级普查数据进行审核工作、省级普查机构组织对地市级普查数据进行审核工作、国家普查机构组织对省级普查工作的数据进行审核工作。审核验收应从各项基础数据的来源、依据、填报的准确性和合理性、逻辑关系、数据的有效性、质量管理等方面详细审核。对于普查的数据表格，需要各级审核数据量满足一定比例，具体审核率如表7-1所示。

表7–1 审核率

审核	县级审核	市级审核	省级审核
审核率（%）	>30	>20	>10

7.2 工作流引擎

为了更好地实现普查数据审批业务工作目标，利用计算机在很多个参与人之间按既定原则自动传递文档、信息内容或者任务，需要构建数据工作流。只要信息在人与人、人与系统或者系统与系统之间进行传递，就必须构建工作流。

7.2.1 工作流

工作流这一术语源自英文单词Workflow，字面意义是工作和流的结合，但是其定义多种多样，其中一种广为流传的说法是说它指“业务流程的部分或整体在计算机环境下实现的自动化”。工作流技术提供了业务过程逻辑和计算机操作的分离，进而能够通过修改过程规则来重新定义业务过程。工作流是在整个工作区中发生的，有些是结构化的，有些是非结构化的。当数据从一个任务转移到另一个任务时，工作流就存在了。但是，如果数据没有流动，就没有工作流。主要的工作流包括以下三种：

（1）**流程工作流**（Process Workflow）。当一组任务具有可预测性和重复性时，就会发生流程工作流。也就是说，在项目开始工作流之前就已明确数据的流转方向。比如普查数据审批工作流，一旦申请提交，每一步处理工作相对固定，工作流几乎不会有变化。

（2）**项目工作流**（Project Workflow）。项目具有类似于流程的结构化路径，但在此过程中可能具有更大的灵活性。项目工作流只适用于一个项目，比如发布一个新版本的网站，可以准确预测项目的任务流程，但是这个任务流程不适用于另一个网站的发布。

（3）**案例工作流**（Case Workflow）。在案例工作流中，对于数据流转的方向是不明确的。只有收集到大量的数据时，数据流转的方向才会比较明显。比如保险索赔，一开始并不知道如何处理，只有经过一番调查后才会明确。

7.2.2 工作流引擎

工作流引擎是业务流程管理系统的一部分，为业务流程的管理系统提供了根据角色、分工和条件等不同决定信息的流转处理规则和路径。工作流引擎包括流程节点管理、流程分支流向管理等重要功能。具体是否需要引入工作流引擎，取决于不同业务内容是否复杂。如果业务流程相当复杂，或者流程逻辑经常变化，最好是引入工作流；相反，业务简单且日后的变化甚小，那就没必要引入工作流了。在普查系统中，调查人员填报数据后由县级审核员进行审批，审批无问题后县级审核员提交；市级审核员审批，审批无问题后市级审核员提交；省级审核员审批，审批无问题后省级审核员提交。因为每一步需要协同管理或者审批的人比较多，所以采用工作流工具。

工作流引擎通过执行经过计算的流程定义去支持一批专门设定的业务流程。它被用来支持定义、管理和执行工作流程。可以这样来理解，工作流管理系统的目标是：管理工作的流程以确保工作在正确的时间被所期望的人员去执行，在自动化进行的业务过程中插入人工的执行和干预措施，这正是工作流管理系统的价值之所在，也是工作流引擎的开发人员最主要的工作。

工作流管理联盟提出了工作流管理系统参考模型，它是由工作流引擎、流程定义工具、管理和监控工具、工作流客户端应用、执行外部应用、其他工作流应用接口服务所构成。其中工作流引擎是整个工作流管理系统的核心，可以说它在整个工作流的应用环节都起着极为关键的作用（图7-2）。

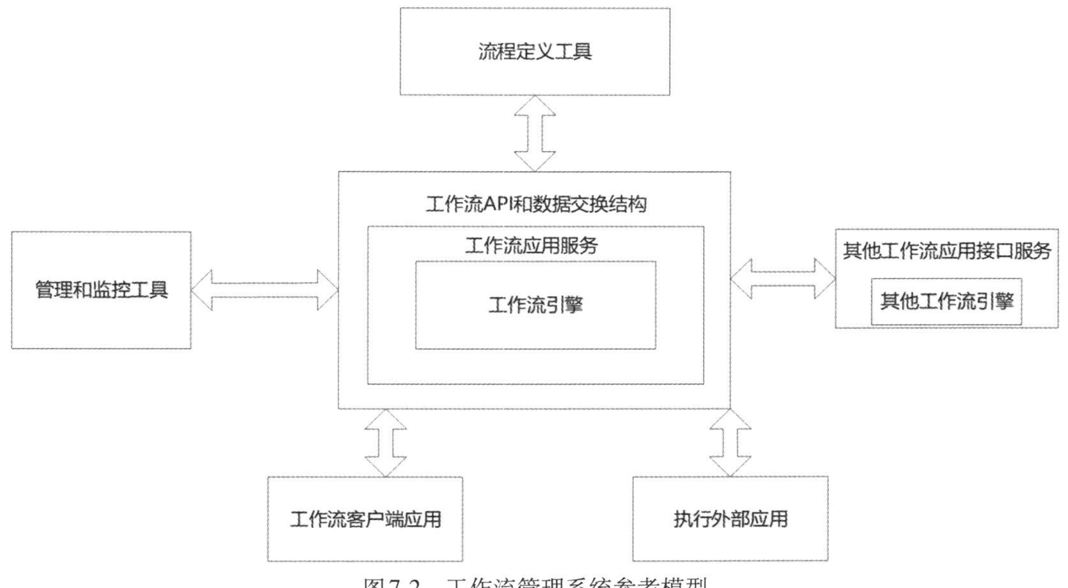

图7-2　工作流管理系统参考模型

Activiti项目是一款基于Apache许可的全新开源的工作流引擎软件，2010年发布其第一个正式版Activiti 5.0，此后开始出现对于BPMN 2.0规范支持。Activiti 5.0版采用了宽松的Apache License 2.0开源协议，以便这个项目可以更广泛地被使用，同时促进了Activiti BPM引擎和BPMN 2.0的匹配，因此它一问世就得到了开源社区的大力支持。Activiti的另外一个重要好处是比起其他工作流引擎，它更容易与Spring进行集成的操作，能适配几乎所有主流的数据库软件，并且能够在绝大多数服务器上完成部署操作。

（1）Activiti架构。Activiti架构图中的各个组件如图7-3所示。

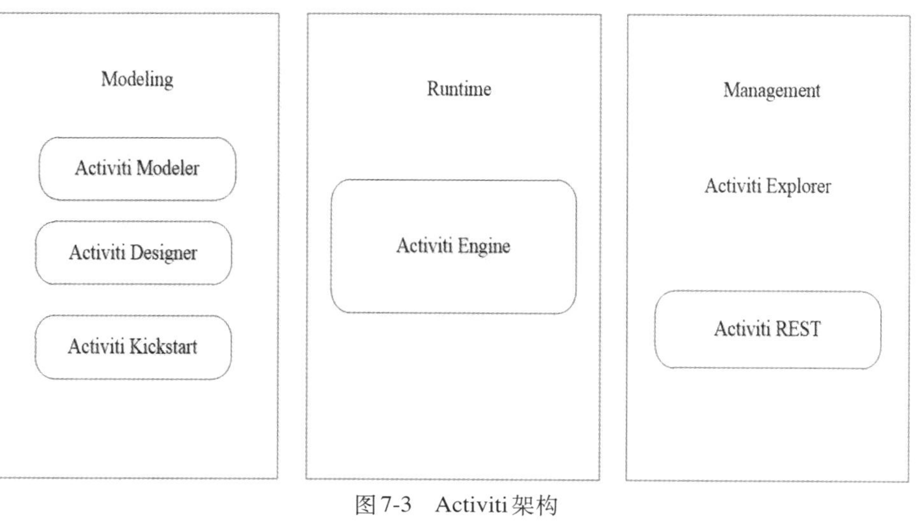

图7-3 Activiti架构

① Activiti Engine。Activiti工作流引擎是整个Activiti中最为核心的部分。它是对BPMN 2.0规范的执行、创建、管理、查询历史记录，并且根据结果来生成报表。

② Activiti Modeler。Activiti模型设计器适用于多个方面，主要功能是被工作流的设计人员用来将需求转换为规范流程定义。

③ Activiti Designer。它的功能与Activiti模型设计器相似，也拥有基于BPMN 2.0规范的可视化设计功能，但是不足之处是它仍然不能百分百地支持BNPM规范的定义。它非常符合开发人员的需求，可将业务需求人员用Signavio设计的流程定义导入到Activiti Designer中，进而能够使得工作流的业务开发人员将它进一步实现为可以流转运行的流程定义。

④ Activiti KickStart。它是一个基于Web的工具，可以使用Activiti引擎可用的结构子集快速创建“临时”业务流程。

⑤ Activiti Explorer。它能够用来管理用户及仓库、启动流程、办理任务等，主要特点是提供了一个基础的设计模型。该部分使用了REST风格的API，非常适合没有工作流开发基础的程序员来使用。

⑥ Activiti REST。提供Restful特色的服务，可以满足客户端以JSON的方式与引擎的REST API交互。

（2）Activiti核心类。Activiti有7个核心类，分别代表了Activiti对外提供的7个核心服务。所有应用针对于工作流的操作都是工作流引擎通过这七个核心类的操作来加以实现的，它们之间的相互运作支撑起了工作流引擎Activiti的运行（图7-4）。

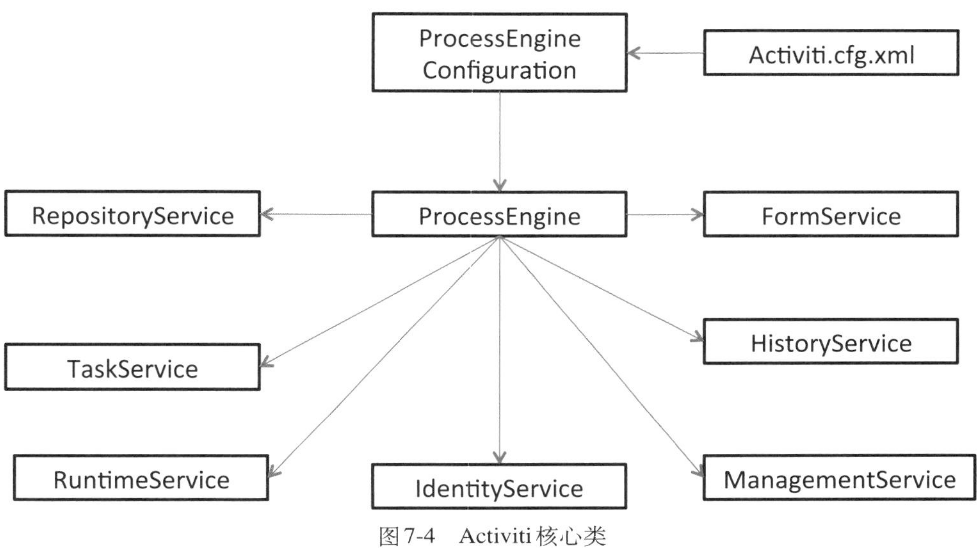

图7-4 Activiti核心类

① RepositoryService。Activiti无法直接识别xml格式的流程图，流程图文件必须通过部署到Activiti中这一动作之后，才能被Activiti识别并使用。RepositoryService便是用作这一过程的，流程图在被导入后，会放到Activiti自动生成的23张表中的以act_re_打头的几个表中。同时RepositoryService也提供了若干个接口，不仅能够做到将XML文件部署到数据库当中，同时也能够从数据库检索特定流程图来供后续处理。

② RuntimeService。这是Activiti中最为关键的一个服务，几乎所有的关于流程的操作都是通过RuntimeService这个类来执行的。例如启动流程、审批、分支聚合等等的操作。

③ FormService。工作流的其中一个设计思路就是把每个节点需要显示的数据直接绑定到此节点。而FormService的功能就在于此，使用FormService便可以直接地获取某个节点绑定的表单数据。但是，如果没有表单绑定到此节点，这个服务就等于失效了。

④ IdentityService。Activiti自己拥有的用于管理自身的组织机构的服务。Activiti自身的组织机构有user和group两大类，其中user、group以及它们之间的关系都是通过自行服务来进行维护的。因此如果有需求来使用Activiti自身的组织机构的，就不可避免的会使用到该服务。不过在一般情况下，我们都是依赖框架中的身份认证功能和组织机构，所以此服务被触及的频率也不会很高。

⑤ TaskService。TaskService也是Activiti的核心功能之一，几乎所有涉及到任务的操作都是通过调用该服务来完成的。比如任务的查询、分配、完成等。

⑥ HistoryService。不论什么流程实例，只要是在系统中曾被执行过，流程实例的信息都会被保存在历史信息中。在一个流程实例结束之前，它是被保存在runtime和history两个地方，在它结束后，就能在history中访问到了。

⑦ ManagementService。ManagementService提供了对Activiti数据库的直接访问的方

法，但是一般情况下这个功能不会被用到。

工作流引擎是普查系统的后台核心组成，工作流引擎的设计是工作流管理系统设计实现的关键所在。Activiti是一款足够优秀的开源工作流引擎软件，拥有许多无可比拟的特长。因此在普查系统中引入Activiti引擎，建立过程模型来推进过程的执行，并给相应的人员分配任务，可以提高工作效率。

7.3　工作流引擎总体结构设计

工作流引擎是整个工作流管理的核心，工作流定义的解析、流程实例化以及流程的执行都由引擎来完成。要完成流程整个生命周期的工作，引擎还需要与外围的模块和资源打交道，包括过程建模工具、用户组织角色模型、任务表和客户端应用程序等，总体结构图如7-5所示。

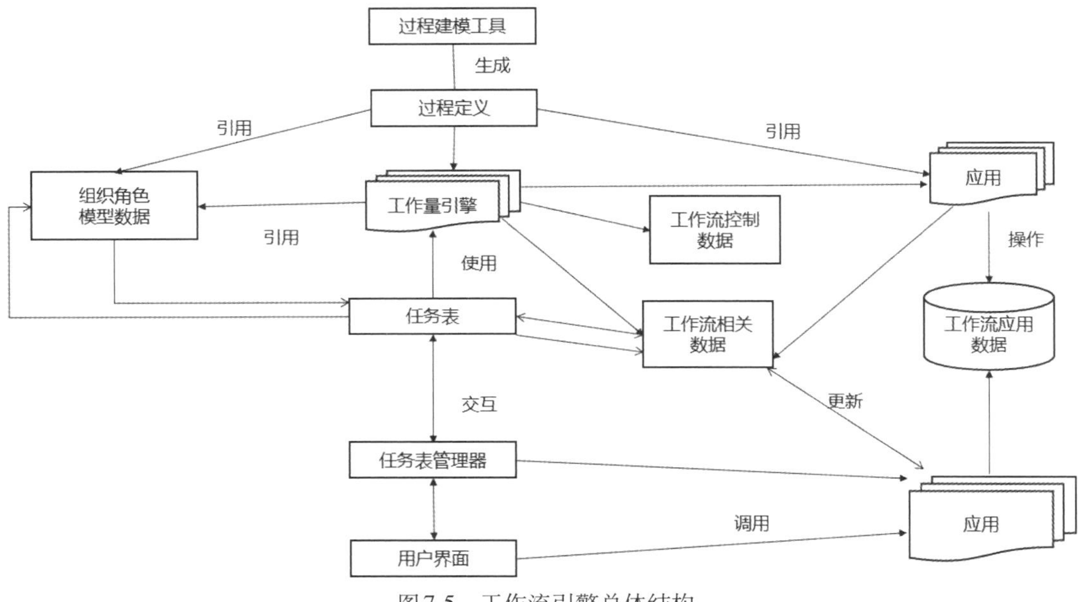

图7-5　工作流引擎总体结构

采用分层的设计思想把系统的不同部分进行抽象，每个部分完成独立的工作，通过接口的方式进行数据交换。处在系统最核心的是工作流引擎，工作流引擎负责完成流程的解析实例化，并把任务安排给合适的角色或者人员来执行，执行的过程和结果在流程监控界面上可以看到。用户一般不直接和工作流引擎打交道，用户需要做的是通过过程建模工具完成过程的定义，定义好的流程会被工作流引擎引用。除了工作流的相关信息，在系统中还需要定义用户组织、角色和权限模型，通过将用户模型与任务相关联，工作流引擎才能知道在什么时机把任务发送给什么角色的人员来完成。在系统外围的是客户端应用程序，工作流引擎通过接口的方式完成外围应用的调用。因为外围应用程序的结构不可预知，因此需要精心设计并遵循一定的标准才能保证客户端程序和工作流管理系统能够协同完成业务。

7.4 工作流引擎组件及核心程序逻辑

工作流引擎内含流程图绘制器、工作流解释器、事件处理器、状态管理器、内容分级管理器和接口管理器，通过这些技术实现工作流平稳、准确无误地运转。

7.4.1 整合Activiti引擎

借助Spring框架来整合，Activiti 引擎中的服务以Bean的形式注入Spring容器中，由其进行统一管理。为了整合引擎与Spring容器，使得Spring容器里的其他部分能够借助注入的方式去调用Activiti服务，需要将工作流引擎配置对象连同系统其余部分一起注入Spring容器由其统一监管。由于七大服务皆是由流程引擎所管理，因此，不仅需要以Bean的形式将七大服务注入，还需要注入Process Engine Configuration（流程引擎配置）和Process Engine（流程引擎）。为了加载流程配置，Activiti 包含过程配置类，通过该类创建流程引擎实例，要获取这些类的实例，可以通过流程引擎对象的getXXXService方法。Activiti引擎自身负责创建服务对象，而非经由Spring 去创建。将七大服务全部以@Bean注解形式注入Spring容器，而每次调用系统服务时，则采用@Autowire自动装配模式。

流程定义，是指对一个完整的流程进行设计之后生成的文件，通常以.bpmn格式保存。Web版模型设计器以其方便高效的特点而广受欢迎，业务人员不需要直接去编辑BPMN文件就可以借助图形化编辑器进行工作，完成流程定义模型设计后，流程引擎读取模型文件，创建流程实例并开始流转。Activiti引擎提供了高效便利的模型设计器Activiti Modeler，在实际工作中，使用者就是通过它来对业务需求进行建模，将需求模型转变成流程模型。这里提到的流程模型是流程模板设计器的产物，其与流程定义两者可以相互转换。Activiti Modeler严格遵照了BPMN2.0 的规范要求，提供了高效便利的图形化开发设计功能，设计器基于B/S架构，其便利性体现在基于前端的设计器，而后端基于Spring的服务编写也有利于项目整体的开发工作。

在流程定义设计完成之后，就可以开始部署流程和启动流程实例了。要执行流程定义前，需要管理员先对其进行流程部署（Process Deployment）。在部署后，可以在已部署定义列表中查看到相应的流程定义，选择所需的流程启动即可开始一个实例的流转。流程实例启动后将在工作流引擎流转服务的驱动下，根据任务分配给指定用户，在该用户完成任务后，任务走向后续节点直至最终关闭节点。Activiti在设计上使用了命令模式，其提供命令拦截器的功能，所有对流程实例的操作实际上都是对数据库的操作，这些操作过程都被视为命令，而这些命令都被交给命令执行者去完成。

7.4.2 工作流程模块

通过可视化的流程图设计器，实现流程模板图的快速定制。通过数据库和文件管理技术，实现流程模板图的增删改等维护管理。

（1）将企业业务流程的各个环节和过程提炼为软件元件模型，包括开始元件、设计任务元件、更改任务元件、审批任务元件、会签任务元件、归档任务元件、文件分发任务元件、子流程元件、与节点元件、或节点元件、连接弧元件和结束元件。

（2）根据业务信息定义每个元件包含的属性信息，并将其保存到模型中。同时系统也会将这些元件信息提取到数据库中保存，方便查询检索使用。

（3）将业务中的组（部门）、角色、人员融合到元件模型中，可以在模型中预设定任务的执行者。

（4）通过元件模型和事件处理器，将业务流程的流向和控制逻辑融合到流程图模型中，并应用工作流解释器检查流向和控制逻辑是否合理，确保流程图是完整可行的。

（5）提供可视化的流程图设计器，提供鼠标快捷操作，方便快速绘制各类业务流程的流程模型图。

（6）通过可视化的流程图设计器，用户可以快速建立企业需要的各类工作流程。用户通过与节点元件、或节点元件和连接弧元件控制流程图的流向和流转条件，适用于各类复杂流程。

（7）为了获得结构清晰、层次分明的流程图，用户可以使用子流程元件一级一级查看流程图，这样避免复杂流程中分支过多、元件过多而出现“蜘蛛网”的现象。

（8）用户设计的每个流程模板图都可以分类保存到系统中，以供后续调用、更改、删除等维护管理方面的操作应用。

7.4.3 任务管理模块

通过工作流解释器，实现任务审批、任务自动分发、触发任务事件、任务状态控制和管理、流程自动流转、工作流跟踪和监控。

（1）分为待做任务和跟踪任务，方便用户快速了解需审批的任务信息和任务状态。对于每个任务，可以查看跟踪任务各个层级的审批内容列表、关联的流程图、任务所在流程的完成情况记录、当前状态和历史信息，方便用户了解当前任务的详细信息。

（2）为了应对突发状况，下一级任务执行人员除了可以在流程模板图中预设定，也可以在任务执行过程中批量设定。当级任务可以批量转移或委托给他人。对于一些无效或作废流程，流程发起人可以挂起、终止、恢复流程。

（3）工作流解释器将任务执行过程中的设置更新到流程图中，然后根据流程图来实现自动分发任务和控制流程流转。

（4）任务签审过程中，签审员除了明确表示批准和拒绝之外，还可以添加建议或意见等描述性语言。

（5）提供事件处理器，按照流程执行阶段和任务状态触发预设定的事件，比如审批内容的加锁解锁等。这些事件可以在流程模板图中预设定，也可以在流程执行过程中设定。

（6）任务的签审信息和流程的流转过程信息，除了体现在流程图中，系统也会将其自动保存到数据库中，方便用户检索和统计。

（7）对于正在审批的流程，可以通过待做任务和跟踪任务进行跟踪维护。对于已经关闭的流程，用户可以在任务箱中查询历史流程，获取流程的所有信息，以供参考。

7.4.4 查询统计模块

提供基于数据库技术的查询统计功能。

（1）提供根据流程属性、状态、内容、时间等信息快速查询流程或者任务的功能。

（2）根据查询的流程或者任务，能够追溯到它的所有信息，包括历史信息。

（3）可以针对查询结果的不同属性信息或者审批内容信息，进行分门别类的统计，并且提供统计报表。

7.4.5 接口模块

提供一套基于JAVA语言的接口程序，实现和其他软件应用程序或软件系统之间的交互，具体为：获取流程模板图接口，流程的发起、挂起、终止等流程操作接口，流程属性更改和存取接口，流程状态更改和存取接口，流程审批内容更改和存取接口，任务审批信息查询接口，流程历史信息查询接口等。

7.5 数据上报审批流程实现

7.5.1 工作流组件

集成Activiti引擎形成工作流组件，在业务办理过程中的工作流程可灵活定制，支持不同应用服务之间的业务流转与业务调用。主要包括流程引擎、流程建模、流程实现、流程监控等功能。支持不同业务流程的图形化定制、流程模拟仿真、流程管控以及流程优化。支持按照角色、岗位等定义业务流程，将知识库中的业务模型识别为业务流程的执行过程，有效地将业务处理的逻辑跟工作流规则挂钩。将表单与工作流挂钩，在流程节点上挂接表单，支持业务的实现。

7.5.2 数据上报审核流程

数据上报审批以实际普查流程来进行设计，普查数据上报审批流程包括任务下发和数据审批上报等流程。

（1）任务下发流程。

①部委下发任务时根据县级行政区划（县级单位）向县发布调查任务。

②新增县级行政区划后，支持新增某县任务。每县每年任务仅可以发布一次。

③部委下发年度的县级统计调查任务、农户调查任务、企业调查任务。

④部委下发任务到省级和县级，县级接收任务。

⑤省级设置非涉农县，设置非涉农县后，发布任务终止。

⑥省级取消设置后，可以继续原有县级任务。

（2）数据审批上报流程。

①县级统计调查员、县级抽样调查员手机端填报数据，可以保存数据，保存数据时对数据进行审核规则校验。保存数据可以提交，提交后可以撤回。如果县级数据已经提交，不可撤回，需上级退回。

②县级统计调查员、县级抽样调查员提交数据后，县级管理员可以审核通过和审核不通过，不通过时可以填写不通过原因。不通过后，县级统计调查员和县级抽样调查员可以修改数据。修改数据后，可以保存或者保存后提交数据。

③县级审核员整批提交数据，如有退回数据不可以提交数据。

④县级审核员提交数据后，市级审核员可以审核通过和审核不通过。

⑤市级审核员整批退回数据。整批退回后，数据回到县级。县级审核员再退回不符合要求的数据到手机端，县级统计调查员或者县级抽样调查员可以修改。

⑥省级用户整批退回数据时，数据直接退回到县级。县级审核员再退回不符合要求的数据到手机端，县级统计调查员或者县级抽样调查员可以修改。

⑦部委用户整批退回时，直接退回到县级。县级审核员再退回不符合要求的数据到手机端，县级统计调查员或者县级抽样调查员可以修改。

⑧国家级数据符合要求后，流程结束。

7.5.3　审批流程bpmn文件

数据上报审批流程bpmn文件如图7-6所示。

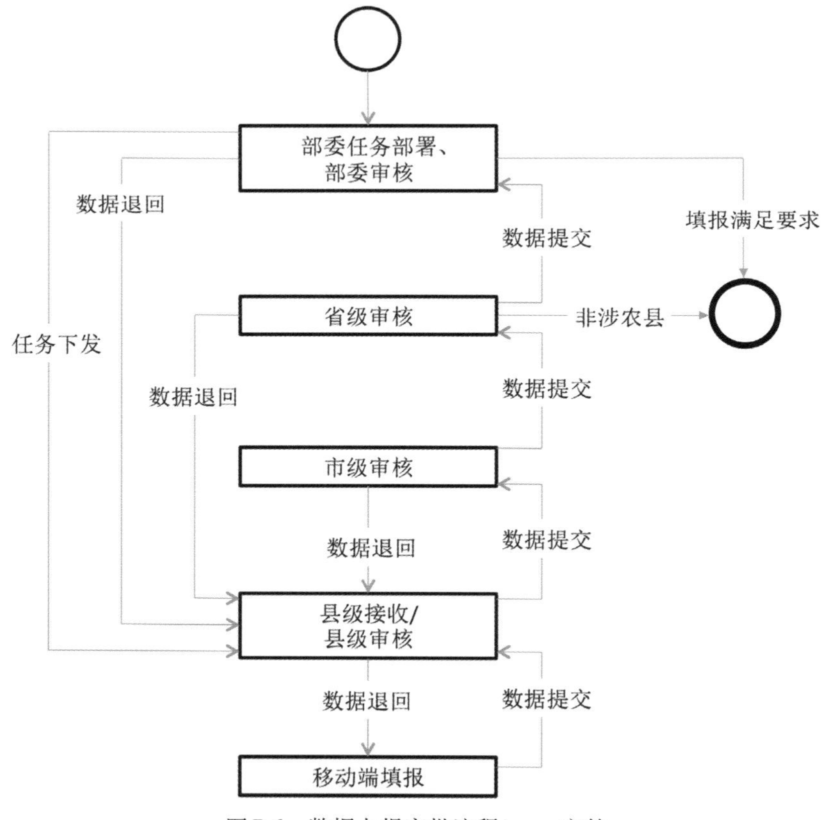

图7-6　数据上报审批流程bpmn文件

7.5.4 任务状态

任务状态记录审批过程中填报任务所处的状态，对于Activiti执行对应的流程节点后需要对任务状态进行修改。通过任务状态确定手机端和Web审核端的下一步具体操作。如县级审核不通过，任务状态处于县级已退回，手机端调查员就可以对填报数据进行修改了。

（1）记录任务时间和任务状态。

（2）任务状态包括：部委已下发、任务已取消、县级已上报、市级已上报、省级已上报、部委已退回、省级已退回、市级已退回。

（3）任务涉农县状态包括：非涉农县和涉农县。默认为涉农县。

（4）数据状态包括：调查员已提交、县级已审核、县级审核不通过、市级已审核、市级审核不通过、省级已审核、省级审核不通过、部委已审核、部委审核不通过。

7.5.5 Activiti数据表

在流程的产生、执行和结束等周期中，会产生各种与流程相关的数据，Activiti提供了一整套的数据表来保存这些生成的数据，如表7-2至表7-5所示。

表7–2 流程模板主表

序号	字段名	中文名	数据类别	非空	主键
1	DWDM	单位代码	CHAR（3）	是	是
2	MBXH	流程序号	Varchar2（6）	是	是
3	MBMC	流程名称	Varchar2（20）	是	
4	MBMS	流程描述	Varchar2（200）		
5	ZTTT	状态	Varchar2（4）	是	
6	BZRY	编制人员	Varchar2（6）		
7	BZRQ	编制日期	Date		
8	SHRY	审核人员	Varchar2（6）		
9	SHRQ	审核日期	Date		
10	MBXML	位置信息	Clob		

表7–3 流程模板节点

序号	字段名	中文名	数据类别	非空	主键
1	DWDM	单位代码	CHAR（3）	是	是
2	MBXH	流程序号	Varchar2（6）	是	是
3	JDXH	节点序号	Varchar2（4）	是	是
4	JDMC	节点名称	Varchar2（20）	是	
5	JDMS	节点描述	Varchar2（200）		
6	JDLX	节点类型	Varchar2（4）	是	
7	DYMK	对应业务模块	Varchar2（40）		
8	CLGW	处理岗位	Char（3）		
9	CLBM	处理部门	Varchar2（12）		

（续）

序号	字段名	中文名	数据类别	非空	主键
10	CLRY	处理人员	Varchar2（6）		
11	SJJD	上级节点	Varchar2（4）	是	
12	XJJD	下级节点	Varchar2（4）	是	
13	XJJDTJ	下级节点条件	Varchar2（20）		
14	FZJD	分支节点	Varchar2（4）		
15	FZJDTJ	分支节点条件	Varchar2（20）		
16	FZJD2	分支节点	Varchar2（4）		
17	FZJD2DJ	分支节点条件	Varchar2（20）		
18	FZJD3	分支节点	Varchar2（4）		
19	FZJD3DJ	分支节点条件	Varchar2（20）		
20	JDID	节点ID	Varchar2（30）		
21	SJJDID	上级节点ID	Varchar2（30）		
22	XJJDID	下级节点ID	Varchar2（30）		
23	FZJDID	分支节点ID	Varchar2（30）		
24	FZJD2ID	分支节点1ID	Varchar2（30）		
25	FZJD3ID	分支节点2ID	Varchar2（30）		

表7–4　流程发起明细

序号	字段名	中文名	数据类别	非空	主键
1	DWDM	单位代码	CHAR（3）	是	是
2	LCXH	流程序号	Varchar2（6）	是	是
3	JDXH	节点序号	Varchar2（4）	是	是
4	JDMC	节点名称	Varchar2（20）	是	
5	JDMS	节点描述	Varchar2（200）		
6	JDLX	节点类型	Varchar2（4）	是	
7	DYMK	对应业务模块	Varchar2（40）		
8	CLGW	处理岗位	Char（3）		
9	CLBM	处理部门	Varchar2（12）		
10	CLRY	处理人员	Varchar2（6）		
11	SJJD	上级节点	Varchar2（4）	是	
12	XJJD	下级节点	Varchar2（4）	是	
13	XJJDTJ	下级节点条件	Varchar2（20）		
14	FZJD	分支节点	Varchar2（4）		
15	FZJDTJ	分支节点条件	Varchar2（20）		
16	FZJD2	分支节点	Varchar2（4）		
17	FZJD2DJ	分支节点条件	Varchar2（20）		
18	FZJD3	分支节点	Varchar2（4）		
19	FZJD3DJ	分支节点条件	Varchar2（20）		
20	JDID	节点ID	Varchar2（30）		
21	SJJDID	上级节点ID	Varchar2（30）		

（续）

序号	字段名	中文名	数据类别	非空	主键
22	XJJDID	下级节点ID	Varchar2（30）		
23	FZJDID	分支节点ID	Varchar2（30）		
24	FZJD2ID	分支节点1ID	Varchar2（30）		
25	FZJD3ID	分支节点2ID	Varchar2（30）		

表7–5　流程执行顺序

序号	字段名	中文名	数据类别	非空	主键
1	DWDM	单位代码	CHAR（3）	是	是
2	LCXH	流程序号	Varchar2（6）	是	是
3	ZXSX	执行顺序	Number（3）	是	是
4	JDXH	节点序号	Varchar2（4）	是	
5	CLSJ	处理时间	Date	是	
6	CLRY	处理人员	Varchar2（6）	是	
7	CLZT	处理状态	Varchar2（6）		
8	CLJG	处理结果	Varchar2（400）		

7.5.6　审批流程执行过程

（1）确定工作流模板。根据业务类型确定使用的工作流模板，如执行数据上报审批流程模板。

（2）创建工作流实例。根据工作流模板表、状态结点表、结点的角色操作规则表创建工作流实例表和流程日志表（如果已加载日志服务，调用日志服务）。

（3）加载流程业务数据包。加载的业务数据包必须符合流程业务数据包定义表的规则，否则触发异常。

（4）加载业务附加文件。

（5）获取工作流实例任务列表。包括待处理任务列表、已处理任务列表、逾期任务列表。

（6）获取单体工作流实例。主要返回指定实例的流程业务数据包。

（7）工作流操作。从待处理任务列表选择要处理的流程实例；取流程状态参与角色关系表判断操作的流程实例结点是否有权限；取状态操作附加规则表判断操作的流程实例结点的规则（由规则引擎实现）；在符合规则的前提下，取流程状态操作表判断结点的下一步操作；将要更改工作流实例的操作添加至消息队列（交由消息队列服务处理）。

8 移动端数据填报设计与实现

8.1 普查智能表单需求

普查数据填报主要是县级统计调查员和县级抽样调查员进行数据填报，此时普查人员将会使用手机APP对数据进行采集，审核人员使用PC端进行管理和审批。农业污染源普查涉及种植业、畜禽养殖业、水产养殖业、秸秆、地膜五大专业的《种植业县级模式调查表》《种植业典型地块抽样调查表》《畜禽养殖粪污处理调查表》《抽样调查县水产养殖场（户）信息表》《农作物秸秆利用农户抽样调查表》《企业普查表》《乡镇地膜应用及污染调查表》《农户地膜应用及污染调查表》的数据采集工作。由于涉及的表单多任务重，在普查工作的前期，调查表经常需要修改，表单填报是普查的核心，表单需求不断变化，要求能有一种工具，能够快速设计表单整合到应用系统和业务流程中去。

表单是普查移动端的主要用户界面元素，为数据的输入、输出提供一种表现方式。普查表单包括一般的表格和各种报表等。传统的HTML表单数据与显示格式紧密耦合，数据基本相同，只是页面布局、显示样式不同。重复手工编制表单是一件单调又烦琐的任务，因此，表单的数据和显示样式重复利用已有的表单，在此基础上自动生成新的表单界面，不仅能减少软件开发的成本，而且也能降低表单设计的复杂程度。

目前，对于不同移动端的应用系统，其表单的设计与实现主要是基于原生控件和移动中间件。原生控件是 Android 系统、IOS 系统等智能手机系统自带的，而移动中间件是基于构件模型对智能手机的一些原生功能进行了构件化和模块化。基于智能手机系统的原生控件来设计电子表单，往往是根据不同的功能需求设计出不同的电子表单，每个电子表单都需要单独地进行设计和编码。基于移动中间件电子表单的设计和开发，主要是用HTML、CSS和JS等相关技术。移动中间件虽然是基于构件模型，但电子表单的设计与开发是基于WebKit浏览器引擎，电子表单主要是由HTML元素构成，而不是Android原生控件构成，这样电子表单UI元素加载会延迟，调用手机底层功能缓慢，交互性较差。

传统的信息系统开发是将表单、数据库、后台业务逻辑一起开发的，系统的扩展性和可维护性比较差。一旦用户需求发生改变，就不得不对系统的页面、后台逻辑、数据库进行重新修改，造成人力、物力的浪费。智能表单系统对表单进行单独设计，与后台数据库、业务流程进行绑定，能够快速与应用系统进行整合。开发者使用表单工具主要是用来为现有的应用系统定制表单，简化系统中电子表单部分的开发。开发者通过可视化方式，实现页面设计、工作流程设计和数据库绑定设计。设计好的表单与应用系统结合在一起，满足用户请求、提交表单的需要。开发者可以基本不用编写代码，通过可视化设计使表单具备与后台数据库、工作流引擎交互的能力，实现表单数据的存储和表单的业务流转，例如表单的审批工作。

传统电子表单普遍存在代码复用率低，开发效率低下，开发周期长，开发成本高，移动端性能差等各种常见问题。而智能表单正是为解决类似的问题而诞生的，具备的主要功能如下：

（1）**表单设计**。内容包括表单页面设计、流程设计、映射设计三个部分。表单页面设计包括表单模型设计、模型默认数据、表单提交、数据校验、页面控件、绑定信息等。表单流程设计包括表单流程的定制、流程与用户角色的绑定、流程与表单控件的绑定。映射设计包括表单字段与数据库字段的绑定，把表单的各个控件与应用系统后台数据库表字段建立关联关系，使表单可以持久化到后台的数据库中。

（2）**表单运行**。用户设计好表单，可以发布到应用服务器，满足用户请求、提交表单的需要。用户请求表单的时候，要根据用户角色呈现表单页面，并且保证用户只能操作自己权限范围内页面部分；用户提交表单数据时，根据用户设计好的业务流程进行流程控制，完成业务流程的流转，并且把表单持久化到数据库。例如：用户审批表单后，根据审批结果，使表单流转到下一个环节。

（3）**移动端呈现和数据提交**。根据表单定义的布局及其他设置呈现表单，并一起生成验证、行为用到的JS代码。如果填写表单时，先填主表信息，然后填写从表信息，保存的临时表单值可采用SESSION进行传递，最后一起提交，提交时先写入主表信息，并返回主键值，然后写从表数据。

8.2 XForms标准

W3C XForms 是对HTML表单的改进，它提供了可扩展的方法，使HTML文档中包括更丰富、更动态的表单。XForms支持多种设备和结构化的表单数据（如XML文档）。通过使用XForms，开发人员无需进行脚本编制就可以生成动态Web表单，在同一页面内包括多个表单，以及用不同的有效方法约束数据。XForms由数据模型、视图和控制器构成，各个部分是完全可分离的，因此非常适合应用到智能表单系统中，设计出与后台逻辑相对独立的表单。

8.2.1 XForms优点

（1）**支持手持设备、电视、桌面浏览器、打印机和扫描仪等**。XForms对表单进行了抽象定义，没有规定时限细节，软件开发商可以根据不同的平台开发不同的XForms处理器，实现XForms表单的显示和处理。与XML相似，XForms设计用于将目标与行动分离、含义与表现分离。XForms对表单的呈现方式或用户与表单的交互方式干涉甚少。同一个表单可以在一种浏览器中以一种方式呈现，而在带有按键音和语音识别输入的电话网络则是另外一种方式，在纸面上则是第三种方式，即人工填写后用光学字符识别技术进行扫描。

（2）消除数据、逻辑和表现之间的耦合。XForms将表单区分为数据、逻辑和表现三方面，数据模型负责表单数据的定义，表单控件用于表单页面的显示，表单数据和显示通过绑定联系在一起。这样做的好处是便于维护，可以为相同的数据进行不同的展示，也可以为不同的数据使用同一种展示方式。

（3）增强的国际化功能。XForms使用XML作为底层的序列化形式。当一个浏览器或者其他客户机接收来自服务器的XForms时，它接收的是XML。当它将表单数据回发给服务器时，它将数据编码为XML文档。XML文档是Unicode。当然也可以存储为其他编码，但这些编码和Unicode之间的转换是简单和确定的。处理XML时，就不再存在任何编码问题。

（4）支持验证。XForms的最大特色是包含了客户端验证的功能。在HTML中，许多关于forms验证的功能需要编写大量的JavaScript脚本，由于验证的Javascript脚本库依赖于forms中的各个元素，当它们发生变化时，不得不重新更新或维护Javascript验证脚本。XForms结合了许多关于验证方面的功能，对forms验证只需要使用简单的XML标记完成。

8.2.2 XForms表单组成部分

（1）XForms表单组成部分。XForms表单主要分为表单模型和表单页面两个部分。它定义表单数据和表单页面的抽象描述，表单的具体呈现取决于不同的处理器。XForms模型用于描述数据，包含数据实例、数据绑定、数据提交三个部分。① XForms数据实例：XForms模型中<instance>元素定义一个实例，这个实例作为表单待收集的数据定义；<submission>元素描述表单如何提交数据，包括表单的ID、后台的URL、提交方法等信息。模型没有表达任何有关表单用户界面的信息。② XForms数据绑定是把XForms页面控件部分与XForms表单实例部分联系到一起。数据绑定主要通过两种方式：控件标签的ref属性和bind属性。数据绑定时对模型数据的定位需要Xpath表达式。③ XForms数据提交：内建于浏览器中的XForms 处理器负责向后台提交XForms数据，数据可以采用多种方式提交，后台根据不同的提交方式解析前台提交的数据并进行处理。XForms 表单页面部分，XForms中的用户界面元素被称为XForms控件。每个控件元素均通过数据绑定与XForms的数据模型联系起来。XForms 控件独立于设备，如何显示这些控件由浏览器的XForms处理器决定。正因如此，XForms可被用于所有类型的设备，如个人电脑、移动电话、手持计算机等。

（2）XForms页面的呈现。XForms中只做出了页面的抽象定义，并没有规定实现细节，对页面进行呈现需要XForms处理器进行处理。XForms处理器可以根据不同的平台设计不同的XForms界面展示，既可以基于浏览器嵌入宿主语言XHTML页面中，利用XHTML和JavaScript进行表现，也可以用Java Swing应用程序等形式表现。

（3）XForms数据类型。XForms模型支持XML Schema数据类型，此特性使XForms

处理器有能力为了确保输入值的正确性对数据进行检查。如需使用XMLSchema数据类型，必须向命名空间声明添加XMLSchema命名空间。XForms支持除duration、ENTITY、ENTITIES、NOTATION 以外的所有XML Schema数据类型。在XForms中，可以使用<bind>元素来对实例数据与数据类型进行关联。

（4）XForms属性。XForms使用属性来定义可影响XForms控件的行为的限定，通过使用<bind>元素把XForms属性绑定到XForms数据。

（5）XForms行为。XForms行为定义在XForms指定时间触发的时候，用户界面做出的响应。例如<Message>标签定义在触发某个事件的时候，在界面显示消息；<setvalue>标签定义在指定的事件触发的时候，对控件对应的模型元素赋值。

8.3 XML和数据库之间转换

表单需要与后台数据库交互，基于XForms的智能表单，表单显示和提交的数据都是XML格式的数据。使用XML关系映射技术，编写自定义的应用程序逻辑从XML文档中提取数据，然后放到关系数据库的表列中，通常被称为切割（Shredding）。如果以后需要再次读取数据，还需要能够“反切割”并重新组装成XML文档。用户使用传统的智能表单系统开发表单，必须要先设计好数据库结构才能进行表单的开发。而采用数据映射技术的智能表单系统，用户可以设计好表单之后，由系统自动生成相应的数据库表结构，因而极大地提高了开发效率。

要实现基于对象的映射一般有两种方法。第一种是将XML模式数据，比如常用的DTD（Document Type Definition，文档类型定义）文件，映射成对象模式，然后将对象模式映射成数据库模式。DTD是一套关于标记符的语法规则，是XML1.0版规格的一部分，主要用于XML文件的验证。使用DTD可以确保XML文件格式的正确性，主要方法是通过DTD文件的定义比较XML文档是否符合DTD文件的定义规范，这些规范主要是元素和标签的规范。DTD文件可以让XML文件和其他应用程序更好地交互，使XML文件作为数据交换标准成为可能。第二种方法是可以将XML模式和对象模式合并成一个DTD文件，然后再将其映射成数据库模式，现今大多数的ORM框架和软件都是采用第二种方法实现数据映射的。利用XML文件结构对应的数据模型显式或隐式地映射成数据库的结构，而且反之亦然。它是基于具体的数据模型来进行映射的，通常能够为用户实现很多转换工作。由于将数据从数据库转换成XML的结果依照了单个模型，因此在这种方式下通常结合XSL来提供模板驱动的系统中所具有的灵活性。在XML文件中的数据视图通常有两种模型：表格模型和特定数据对象模型。有时候也可能会出现其他的模型。例如，通过采用ID和IDREF属性，一个XML文件可以用于一个指定的图形。

8.4 智能表单系统设计与实现

智能表单又称为动态表单，具有以下两大特点：

（1）动态性。智能表单一般要通过某种工具动态地创建表单，这里的动态主要包含两个意思：第一，表单页面原来是没有的，是通过工具而动态创建的；第二，表单页面对应的数据模型也是不确定的，可以随时变化。而传统的Web表单开发，一般是设计好数据库后，再开发表单界面，而且每个表单界面都是已经确定必须和数据库的某些表进行强耦合关联。如果要更改表单页面和数据库表的关系，一般只能手动改后台代码，不能方便、直观地更改。

（2）分离性。智能表单要实现动态创建表单，必须要用某些技术或者方案实现表单界面和对应的数据模型的分离，即松耦合。这是智能表单与传统表单的重要区别。传统表单一般把表单界面和数据模型进行强耦合，虽然已经有相关的技术可实现表单界面和数据模型的分离，但这些技术只是对表单界面和数据模型进行了松散的绑定，本质上并没有对这两层数据进行真正意义上的分离。表单界面和数据模型之所以要实现松耦合，是为了实现表单数据的复用，无论是在原有系统上复用还是其他应用系统上复用。要实现智能表单的分离性，一般有两种方案。第一种方案是利用XForms等XML技术框架，由XForms解释器去解释XForms规范的表单，从而实现表单界面和表单数据模型的分离。因为XForms规范本身就是表单界面和表单数据库模型分离的技术，此方案较易实现。第二种方案是利用传统的HTML页面技术，自定义HTML标签和表单数据模型的映射方案，并手动编写表单引擎实现分离，此方案比较复杂。之所以第二种方案要采用原生的HTML技术，是因为HTML技术无论是在什么应用系统上都会支持。但传统的HTML标签技术缺少很多XForms规范定义的高级功能，比如数据的有效验证和规则验证等。

正是因为智能表单具有动态性和分离性这两大特点，利用智能表单技术去开发项目的效率将会得到极大的提高。原因有两点：第一，智能表单可以通过表单设计工具去动态创建，而且其操作过程相对于传统开发过程将会简便很多。因此，普通用户也能利用表单设计工具开发符合自己业务逻辑的表单，从而减轻了编程人员的工作。更重要的是，避免了传统编程人员和业务人员之间的沟通障碍，并且当用户需求变更时，利用智能表单技术可以让业务逻辑系统快速地随用户需求变更而随之更新，从而解决了项目开发当中用户需求不断变更而导致项目成本不断提高、时间不断拖延的问题。第二，智能表单的分离性，可以使大量的通用代码和表单模板数据得以复用，从而极大提高了表单开发和设计的效率，也就等同于提高了项目的开发效率。

智能表单系统一般都会包含以下三大部分：①表单设计器。在图形化的表单设计器上，可以通过鼠标拖拽的方式，所见即所得地设计电子表单。表单设计器具有强大的编辑功能，能够设计出格式丰富的电子表单，同时还支持计算、校验的设置和脚本的开发。②表单引擎。能正确解释并显示表单设计器设计好的智能表单，实现智能表单和模型层数据的绑定，实现在线或者离线提交表单时数据的正确入库。③移动端呈现和数据提交。通过移动端控件根据表单模板渲染表达，实现用户在移动端查看或者填写表单，并且有数据验证和提交表单功能。智能表单系统的架构如图8-1所示。

通过智能表单系统设计表单的一般步骤为：用户通过浏览器打开表单设计器，设计好表单模板并且绑定表单对应的数据库模型，然后提交到表单服务系统，这时应用系统即可正常打开用户设计好的表单页面。移动端通过表单模板对表单进行渲染，用户填报数据后再上传到服务器。移动端对数据显示时，可以从服务器获取数据，通过表单模板对移动端的组件进行显示。

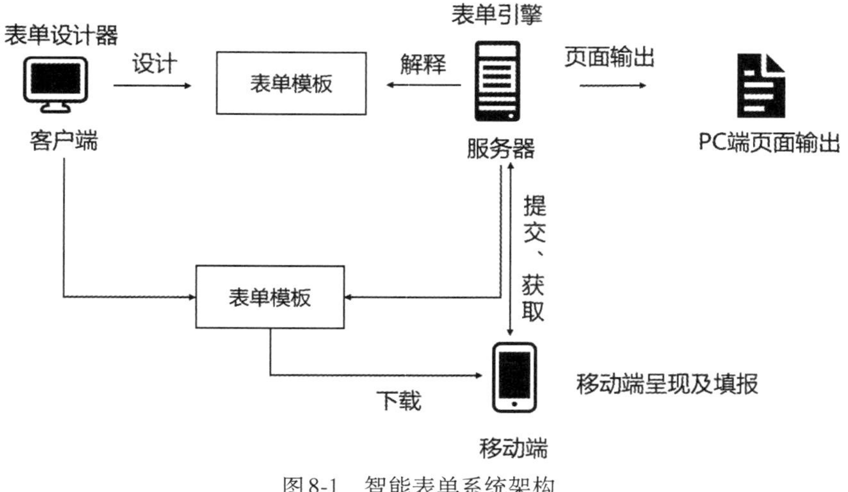

图8-1　智能表单系统架构

8.4.1　表单设计器设计与实现

（1）表单定义管理。包括表单基本信息管理（表单名称、描述）、表单存储表字段管理、表单布局设计、表单数据验证定义、表单字段关联/子表单管理、表单字段编辑框行为管理。

（2）表单存储表字段定义。定义表单中用到的数据项，包括字段名、字段类型、长度、默认值、编辑框类型、是否允许为空、是否自增长字段、分组名称、是否在列表中显示等信息。编辑框类型一般有文本框、文本域、复选框、单选框、列表框、时间日期选择框、文件上传框等。这里定义的是表单主表字段，注意每张表单仅针对一张表，否则操作多张表的SQL不容易处理，涉及到主从表的情况可用子表单来处理。

对字段的相关要求还包括：①涉及字段的权限级别控制。②涉及字段的自定义下拉列表控制。③涉及字段的默认值控制。④涉及字段的多层关联的数据引用控制，初步实现单层关联应用。⑤需要考虑自定义字段的值参与系统原来的业务逻辑运算如何设置的问题。⑥初步达到代码级的字段业务逻辑控制。⑦虚拟字段的存在，就是表单中并不存在，而只需要从其他地方引用显示的字段。

（3）表单布局设计。这一步很关键，也较难实现，简单的做法是做一个表单模板，表单中的数据项说明、编辑框、数据验证就都可以用内部变量来代替，系统可提供自动生成表单的功能，用户也可以自己手工修改，当然需要提供一个表单设计器，这样使用起来就更方便了。

①设计表单数据模型。设置模型属性。模型具有以下三个属性：模型ID，用来标识模型；模型描述，对模型功能的描述；模型对应的URL，即表单数据提交的后台地址。设置实例属性。数据实例节点有三个页面设置部分，分别设置它的一般属性、数据约束、

数据验证。表单数据验证定义。定义需要验证字段的规则，验证规则可用正则表达式的方式来定义，系统内部可自带一些常用的验证规则，复杂的情况可能会出现各字段之间的值进行比较的情况。数据实例主要包含四个一般属性，即实例名称、实例描述、数据值、默认值。实例名称是数据实例的标识。实例描述是描述实例的含义，主要用于表示用户填写表单时弹出提示信息，提示用户即将填写的组件的含义。数据值则是用来显示表单中对该数据实例填写的值。默认值主要用于重复组件建立新的表单组时对数据实例设置初始值。设计数据绑定，将表单的模型节点与数据库表字段之间建立关联。

②设计表单控件。通过在控件工具箱拖放控件、调整控件位置设计页面，在属性视图设计控件的各个属性，比如控件的名字、显示文字、校验等。通过控件的属性使控件绑定数据模型。

③设计表单流程。通过拖放流程节点、连线设计流程，并且在流程节点右键菜单选择“绑定用户角色”，通过调用权限用户角色的接口显示系统中的用户角色列表，在角色列表里选中角色进行绑定。同时通过右键“绑定表单元素”，在弹出的表单元素列表里选择表单元素进行绑定。通过点击流程的连线设置流程流转的条件。

④表单设计完毕，生成表单模板。用户通过菜单“保存”即可以生成设计好的表单模板。表单模板是表单系统通过表单模型中的数据转换而成的。表单中设计的页面、流程、映射等都通过表单模板保存。其中页面部分的控件、验证、计算等均由标签实现。

⑤把表单模板发布到表单服务器。发布模板时，会调用访问表单服务器指定的表单模版，把表单模板上传到表单服务器指定的目录下。表单设计器是采用Eclipse插件形式实现的。Eclipse平台的各个功能基本都是以插件的形式存在，并且为用户提供了相应的扩展点。用户只要实现相应的接口，就可以把自己的应用程序无缝集成到Eclipse平台中，可以使用Eclipse平台提供的强大的基础功能。GEF技术是开源框架的一部分，它提供了强大的可视化模型编辑框架，使用户可以快速开发出图形编辑器。

8.4.2 表单服务器设计与实现

表单服务器是智能表单运行的容器，对应用系统用户请求表单、提交表单进行相应处理，并且完成表单的页面呈现、流程控制、数据库操作。表单服务器响应用户请求的部分是以Servlet的形式实现的，用来处理客户端发出的请求。为了与应用系统整合，将表单服务器项目打成包，放到应用系统的相关路径下。表单服务器主要包括：

（1）处理请求。用于响应用户请求表单，根据用户请求的表单模板ID、表单实例ID，调用数据库访问模块，从数据库取出表单模板和表单实例。调用解析模板模块，解析表单模板，生成表单页面模型、流程模型和映射模型。调用应用程序接口，获取用户角色。调用流程控制模块，根据用户的角色和流程模型中的流程定义，修改页面模型中的页面属性，使用户只能操作自己角色允许的页面部分。调用模型模块，为页面模型添加已填报或者默认的数据，输出表单页面。

（2）填充数据。从数据库提取表单数据，填充表单。如果用户属于流程的第一个节点，则填充表单默认数据；如果流程不属于第一个节点，则需要把表单以前的填报数据提取出来，填充表单模型的部分。

（3）呈现页面。表单模板中定义了XForms形式的表单页面。XForms并不能单独运行，需要嵌入到一个能够展示页面的宿主语言中。宿主语言可以是Html和Xhtml，由于Xhtml相对Html来说更加先进并且支持多种平台，所以普查系统采用Xhtml为输出页面的格式。

（4）处理表单提交。提取用户提交的表单数据，调用流程控制模块，根据表单实例中的当前流程、流程流转条件确定流程的走向，进行流程控制。调用数据库访问模块，把表单数据和流程信息存放到后台数据库。

（5）处理表单发布。用户使用表单设计器请求发布表单，表单服务器接到请求后把表单模板文件放到它指定的目录下，并且在数据库插入一条记录，记录表单模板的位置。

8.4.3 移动端设计与实现

移动端电子表单构件的实现是基于Android 操作系统，由此得到电子表单构件系统框架（图8-2）。

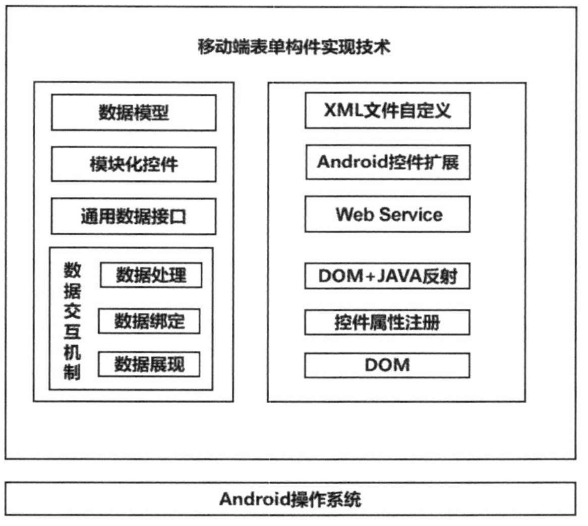

图8-2 移动端表单构件技术实现

移动端表单控件主要是对控件的属性集和数据操作进行扩展。数据集的扩展主要包括重新定义原有属性集和增加数据引用属性两部分，数据操作扩展是将控件数据注入到数据模型的数据域中，也可以从数据模型的数据域中获取数据注入到控件中。Android中控件自定义属性集要在XML文件中进行注册，属性集的注册方法如下：

```
< declare-styleable name=“控件名” >
< attr name=“自定义属性名” format=“属性类型” />
</ declare styleable>
```

电子表单可以作为一个整体控件，需要增加数据模型引用属性（model）、数据交互协议节点属性（action）、数据交互协议方法属性（method）。自定义控件需要增加数据引用属性（ref），同时建立ref到控件id的映射，既可以根据属性ref值得到控件id值，也可以根据控件id值得到属性ref值。电子表单和自定义控件注册了自定义属性后，在Android布局文件引用格式是：包名+类名。

通用数据接口分为服务端的数据组装接口、客户端的数据调用接口和数据解析接口3个部分。服务端的数据组装接口主要是将查询到的表单对象数据组装成XML格式的数据流，或者将XML格式的数据流解析成表单对象，运用了XStream技术。通过XStream技术编写数据组装接口方法，而运用Web Service技术可以将数据组装接口方法部署到服务器上。Axis是一个独立的SOAP（简单对象访问协议）服务器和一个嵌入Servlet引擎的服务器。客户端通过Post或者Get请求调用Axis的Web Service接口方法，由此得到客户端数据调用接口。客户端数据调用接口图中HttpPost/HttpGet 以HTTP协议的形式调用服务端的Web Service方法，其包括URL和FormEntity两部分。URL对应于数据模型中数据交互协议节点属性action的值url，url一般是Web Service接口方法的地址，其向服务端请求的方式是post 或者get。FormEntity包括Params和Result两部分，Params 是向服务器发送请求所需的参数，可以是数据模型中数据域的值，也可以是自定义的参数变量值，而Result是服务端发送给客户端或者客户端提交给服务端的XML数据。客户端数据解析接口则是将从客户端数据调用接口获得的XML数据流运用XStream技术解析成表单对象，或者将从数据处理机制获取的表单对象解析成XML数据流。

移动端的数据展示机制建立在数据处理机制、数据绑定机制和数据展现机制的基础上。

（1）数据处理机制。数据处理机制的实现包括将表单对象装载到数据域，或者将数据域中的数据转化成表单对象。表单对象对应类的类名、属性名和对象节点的名称，属性节点的名称保持一致，而表单对象的属性数据类型和属性节点的type值保持一致。表单对象装载到数据域，主要运用了DOM（Document Object Model）技术。数据对象转化成表单对象，除了用到DOM技术外，还用到了JAVA反射机制，得到数据处理机制的实现方法。

（2）数据绑定机制。模块化控件的实现，可以自定义数据引用属性，数据绑定机制正是在这些控件上定义数据引用属性，用于绑定数据域中的对象数据，电子表单的自定义控件增加了数据引用属性ref，ref根据对象节点id和属性id绑定数据域中的对象数据。

（3）数据展现机制。数据展现机制的实现是建立在数据处理机制和数据绑定机制的基础上，主要包括将数据域中的数据转载到电子表单，或者将电子表单的数据转载到数据域中，主要运用了DOM技术。电子表单从数据域获取数据并显示，可以分为下面3个过程：①通过DOM技术获取数据域中的数据对象结构图；②根据电子表单控件中的ref值和数据对象结构图获取对象节点的属性值；③控件属性id和属性ref存在映射关系，根据属性ref获取控件id值并将对象节点的属性值装载到控件上。

电子表单的数据装载到数据域中，也可以分为下面3个过程：①根据属性ref获取控件id并根据控件id获取控件装载的数据；②通过DOM技术获取数据域中的数据对象结构图；③根据电子表单控件中的ref值和数据对象结构图将控件数据转载到数据域中的数据对象。

8.5 普查移动端应用

基于智能表单设计实现农业活动水平数据移动端系统构建，农业活动水平数据采集移动端系统部署在手机和平板智能终端上，主要提供农业污染源野外数据采集、主要工作任务管理、野外作业规划管理、外业数据采集（包括种植业、畜禽养殖业、水产养殖业、地膜、秸秆5种类型数据采集）、数据回传等模块。

8.5.1 移动端用户及系统使用

以下6个角色账号可以在手机端登录：县级种植业抽样调查员、种植业县级统计调查员、县级畜禽养殖业抽样调查员、县级水产养殖业抽样调查员、县级秸秆抽样调查员、县级地膜抽样调查员。

打开“农业源”APP登录页面，输入用户名和密码，点击“登录”进入首页（图8-3）。

登录调查员账号，对当前调查员所负责的调查表进行数据采集（一个调查员可以负责多个调查表的数据采集，可通过县级管理员设置此权限），填报界面如图8-4所示。

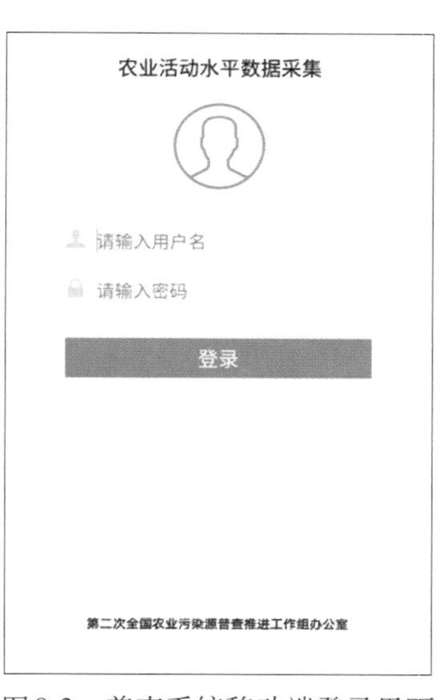

图8-3 普查系统移动端登录界面

图8-4 填报界面

如果某专业的调查表空白，有可能存在以下原因：①县级审核员没有接受任务，需要联系县级审核员接受任务，手机才能看见任务；②省级未开通该县级任务，导致县级审核员无法接受任务，需要联系省级审核员开通任务，县级审核员接受任务，手机才能看见任务。

8.5.2 移动端填报流程

移动端填报流程如图8-5所示。

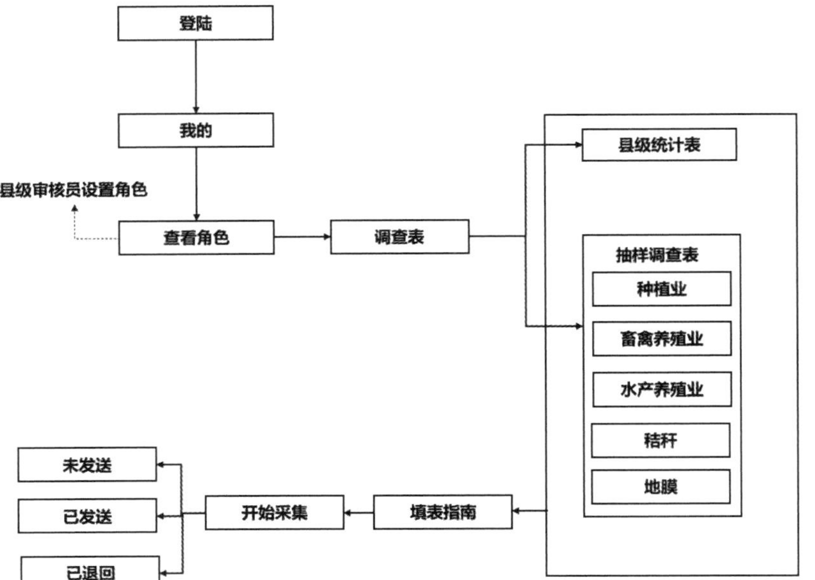

图8-5 移动端填报流程

（1）使用账号登录，登录成功后首先进入“我的”功能，在个人信息里面查看“角色”“区域代码”与实际是否相符，如果角色不相符，需要联系县级审核员进行设置。

（2）进入“调查表”模块，根据自身具有的角色选择需要填报的任务，如县级统计调查任务或抽样调查任务。

（3）点击“填表指南”功能按钮，进入“调查表指标解释与填表说明”。

（4）“开始采集”功能将采集到的数据提交至上一级（县级），提交后的数据显示在“已发送”功能栏中。

（5）在采集数据完成后点击“确定”按钮，页面将弹出提示窗口，点击“稍后发送”按钮，已填写的数据将保存到“未发送”功能栏中。此栏中的数据可以二次修改后再次发送、提交或删除。

（6）“已发送”功能栏中显示已发送到上一级（县级）的数据。已发送的数据共有两种状态：第一种为“已提交”，该数据可以二次修改后再次提交或删除；第二种为“已通过审核”，该数据只可查看，不可进行修改或删除。

（7）已发送的数据审核失败后，数据将在“已退回”功能栏中显示，数据状态为“重新提交”，此数据只可二次修改后再次提交，不可直接删除。

8.5.3 种植业典型地块抽样调查表填报

（1）使用“县级种植业抽样调查员”角色登录成功后首先进入“我的”功能，在个人信息里面查看“角色”、“行政区划”与实际的角色、行政区划是否相符，如果角色不相符，需要联系县级审核员再进行设置（图8-6）。

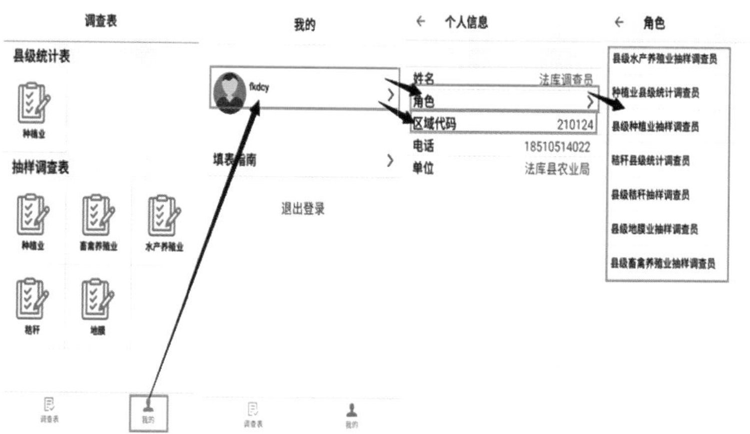

图 8-6　种植业县级抽样调查员登录

（2）点击抽样调查表中“种植业”按钮，可以看到“种植业典型地块抽样调查表”的任务（图 8-7）。

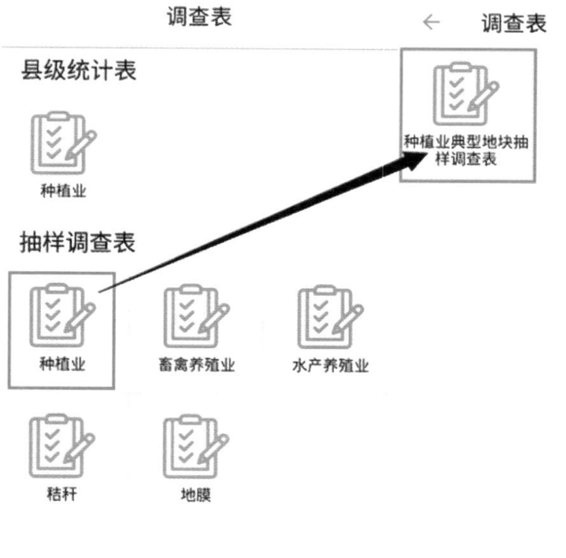

图 8-7　种植业典型地块抽样调查表任务

（3）点击“开始采集”功能按钮（图 8-8）。

（4）填写采集数据信息，必填项不为空（图 8-9）。

（5）点击“确定”按钮进行提交，弹出提示框显示“稍后发送”、“立即发送”与“继续发送”（图8-10）。“稍后发送”指将数据保存至“未发送”功能栏中；“立即发送”指可直接发送至上一级（县级）；“继续填写”指关闭弹出框并继续填写此数据。

图8-8 种植业典型地块抽样调查表开始采集

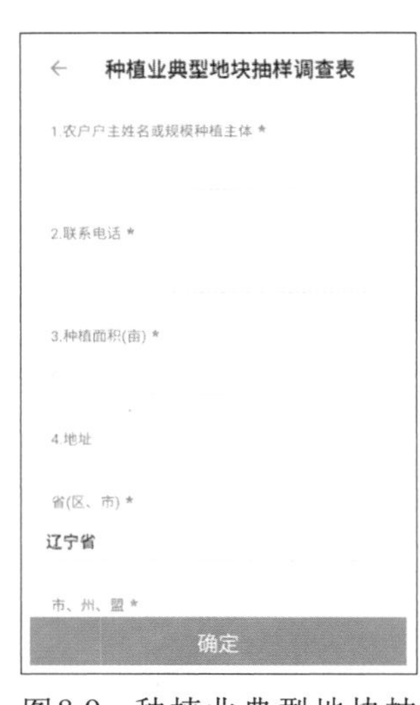

图8-9 种植业典型地块抽样调查表填报

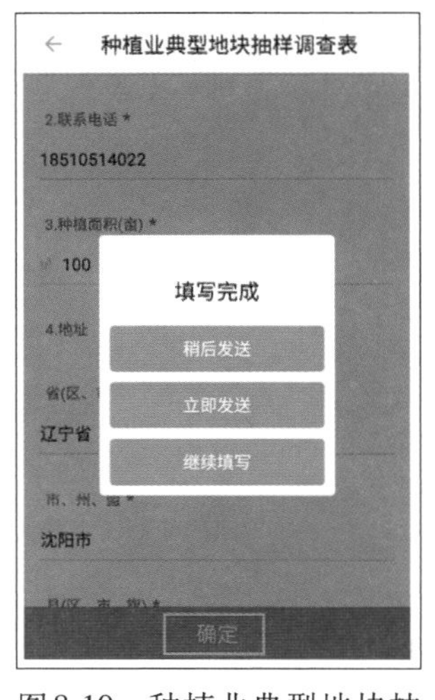

图8-10 种植业典型地块抽样调查表填写完成

（6）点击“立即发送”按钮，数据将发送到上一级（县级），数据发送成功，发送后数据将显示在“已发送”功能栏中（图8-11）。

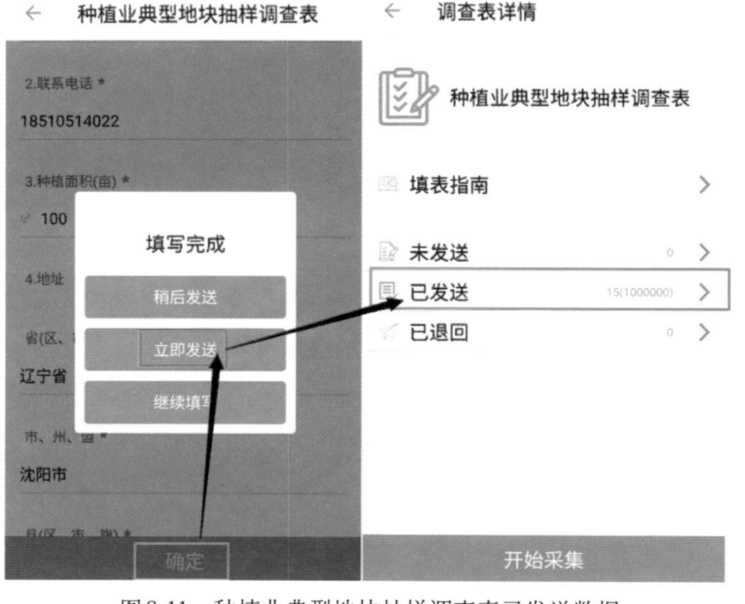

图8-11 种植业典型地块抽样调查表已发送数据

（7）已提交未审核的数据，可以对该数据进行修改后再次发送，点击“已发送”按钮，处理要修改的数据，修改完成后点击“确定”按钮，点击“立即发送”按钮，数据即发送成功（图8-12）。

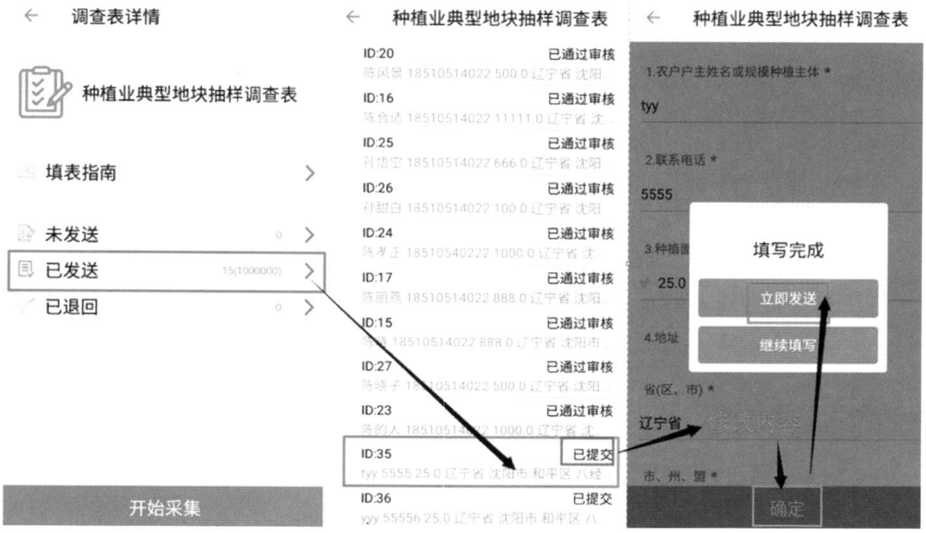

图8-12　种植业典型地块抽样调查表已发送数据立即发送

（8）已提交未审核的数据，可以对该数据进行删除，点击“已发送”按钮，点击想要删除的数据，弹出提示框，点击“确定”按钮，该数据删除成功（图8-13）。

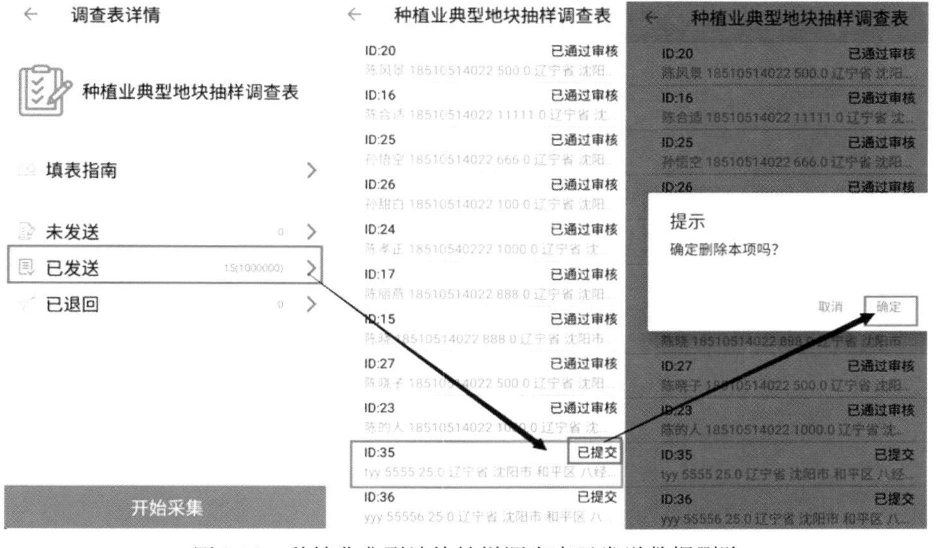

图8-13　种植业典型地块抽样调查表已发送数据删除

（9）已通过审核的数据，可以进行查看，不可修改和删除（图8-14）。

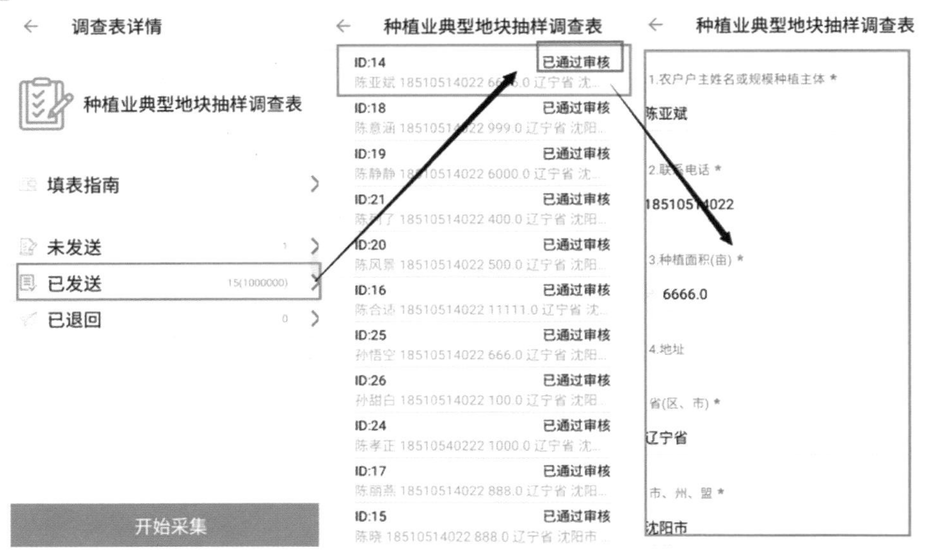

图8-14 种植业典型地块抽样调查表已审核数据

（10）点击“稍后发送”按钮，数据保存在“未发送”功能栏中（图8-15）。

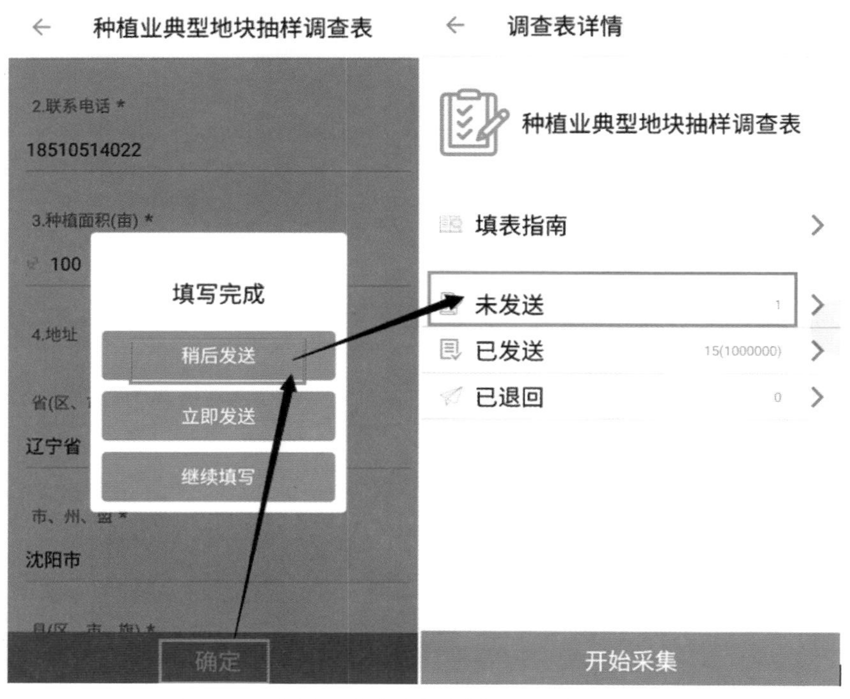

图8-15 种植业典型地块抽样调查表未发送数据

（11）未发送的数据可以进行提交，点击“未发送”按钮，点击右上角“提交”按钮，该数据提交成功（图8-16）。

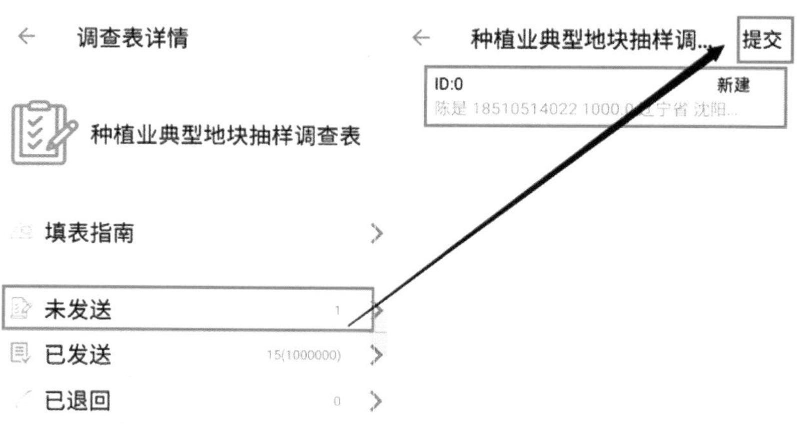

图8-16　种植业典型地块抽样调查表未发送数据提交

（12）未发送的数据可以进行修改后再次发送，点击“未发送”按钮，点击要修改的数据，数据修改完点击“确定”按钮，点击“立即发送”按钮，该数据提交成功（图8-17）。

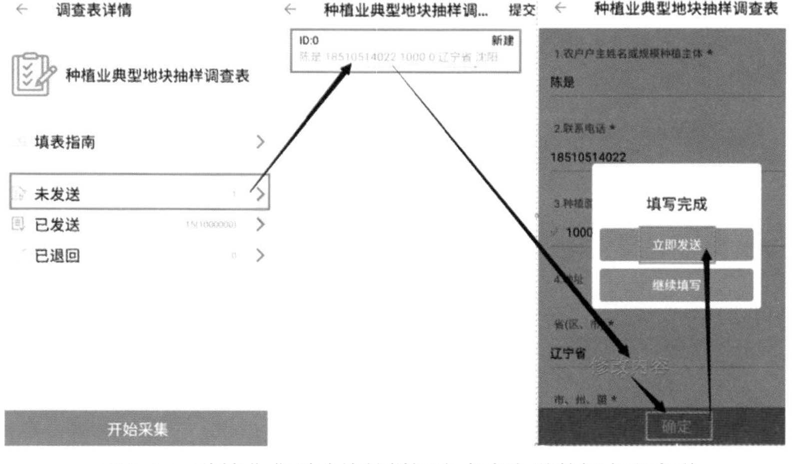

图8-17　种植业典型地块抽样调查表未发送数据立即发送

(13) 未发送的数据可以删除，点击“未发送”按钮，一直按着想要删除的数据，弹出提示框，点击“确定”按钮（安卓版手机），该数据被删除（图8-18）。

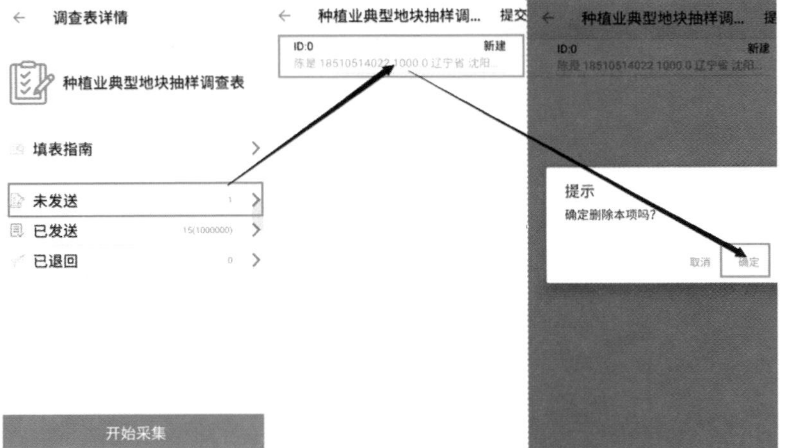

图8-18 种植业典型地块抽样调查表未发送数据删除

(14) 点击“已回退”按钮可以看见审核不通过的数据，该数据不可删除，该数据可以修改后再次发送，点击“已回退”按钮，可以看见回退的数据，点击该数据，可以进行修改，修改完数据点击“确定”按钮，点击“立即发送”按钮，数据发送成功（图8-19）。

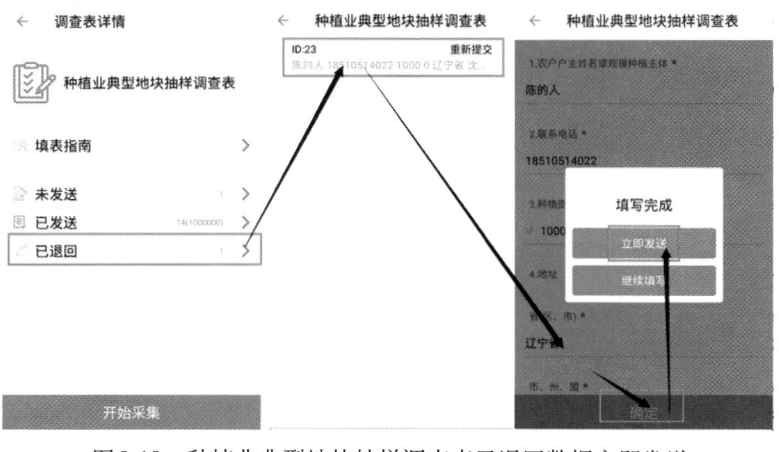

图8-19 种植业典型地块抽样调查表已退回数据立即发送

8.5.4 种植业县级基本情况调查表填报

(1) 使用“种植业县级统计调查员”角色登录成功后首先进入“我的”功能，在个人信息里面查看“角色”“区域代码”与实际是否相符，如果角色不相符，需要联系县级审核员进行设置（图8-20）。

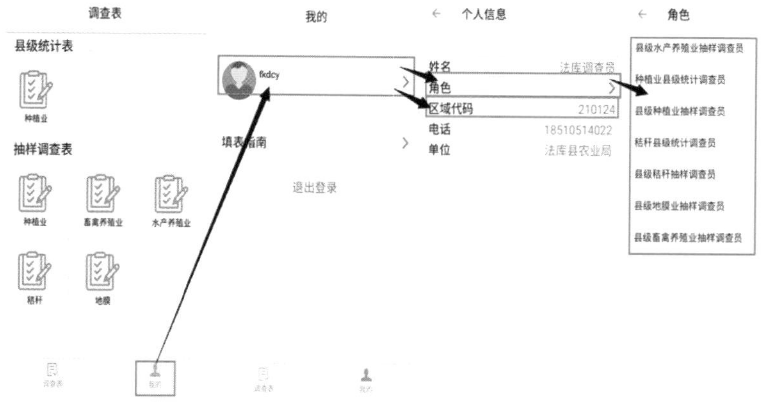

图8-20　种植业县级统计调查员登录

（2）点击县级统计表中“种植业”按钮，可以看到“种植业县级基本情况调查表”的任务（图8-21）。

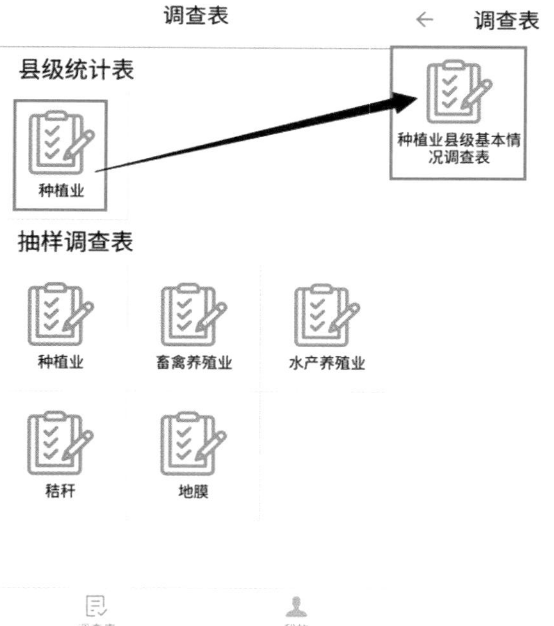

图8-21　种植业县级基本情况调查表任务

（3）点击“开始采集”功能按钮（图8-22）。

（4）填写采集数据信息，必填项不能为空（图8-23）。

图8-22 种植业县级基本情况调查表开始采集

图8-23 种植业县级基本情况调查表填报

(5) 点击“确定”按钮进行提交，弹出提示框显示“稍后发送”、“立即发送”与“继续发送”(图8-24)。“稍后发送”指将数据保存至“未发送”功能栏中；“立即发送”指可直接发送至上一级（县级）；“继续填写”指关闭弹出框并继续填写此数据。县级统计表中“种植业”调查表只可以提交一条采集数据。“未发送”、“已发送”与“已退回”任意功能栏中以保存一条数据后，“开始采集”功能按钮将以置灰显示，无法再次采集。

(6) 点击“立即发送”按钮，数据将发送到上一级（县级），数据发送成功后将显示在“已发送”功能栏中（图8-25）。

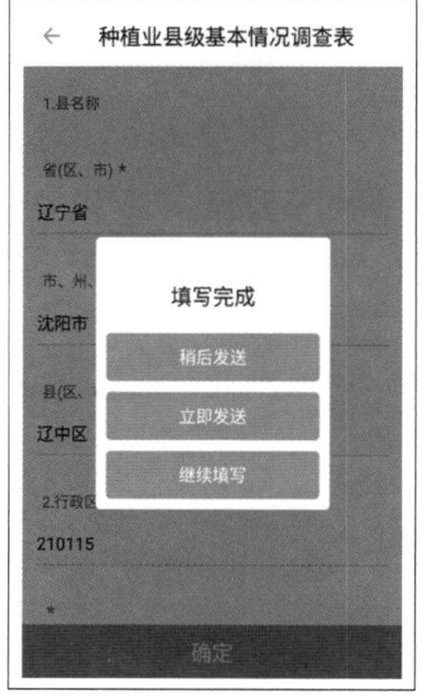

图8-24 种植业县级基本情况调查表填报完成

图8-25 种植业县级基本情况调查表已发送数据

（7）已提交未审核的数据，可以对该数据进行修改后再次发送，点击“已发送”按钮，点击要修改的数据，修改完成后，点击“确定”按钮，点击“立即发送”按钮，数据发送成功（图8-26）。

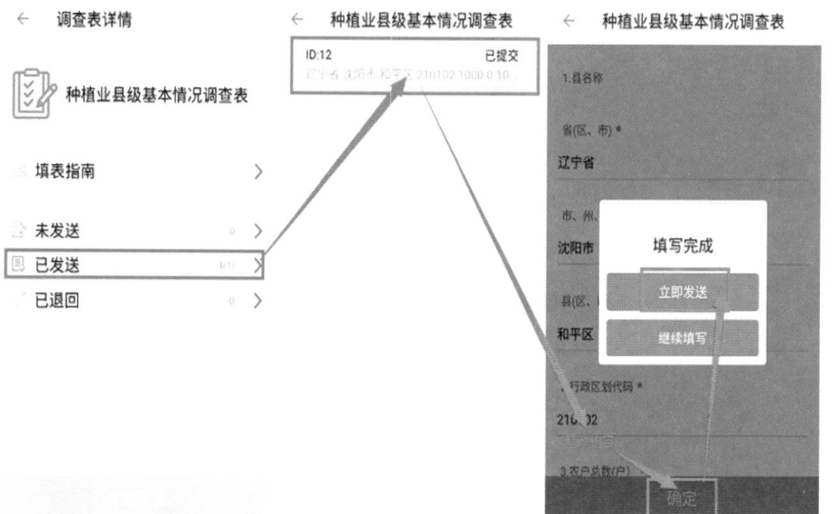

图8-26　种植业县级基本情况调查表已发送数据立即发送

（8）已提交未审核的数据，可以对该数据进行删除，点击“已发送”按钮，点击想要删除的数据，弹出提示框，点击“确定”按钮，该数据删除成功（图8-27）。

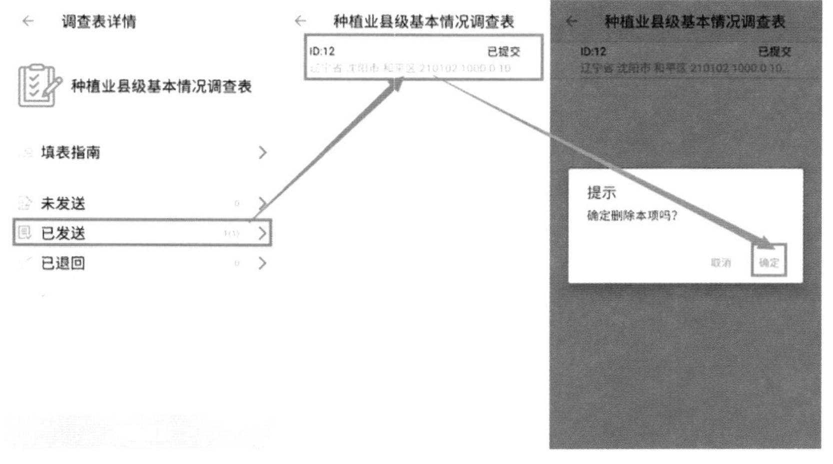

图8-27　种植业县级基本情况调查表已发送数据删除

（9）已通过审核的数据，可以进行查看，不可修改和删除（图8-28）。

（10）点击“稍后发送”按钮，数据保存在“未发送”功能栏中（图8-29）。

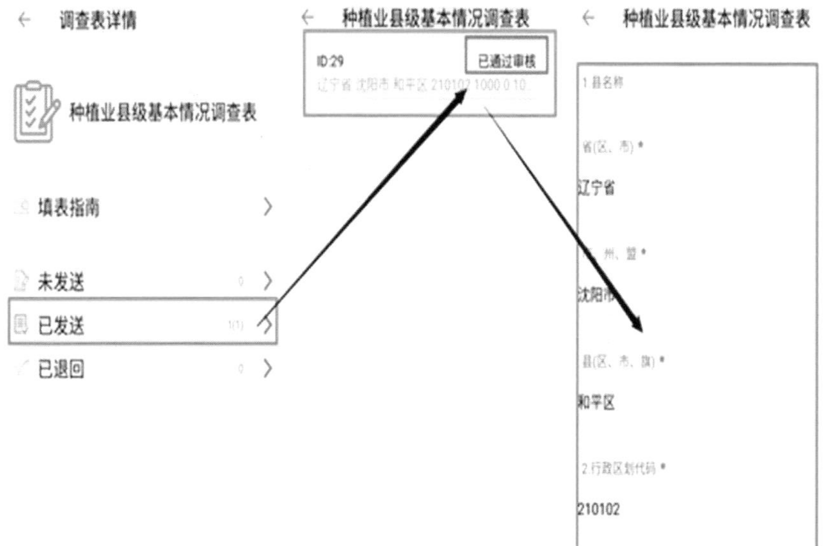

图8-28　种植业县级基本情况调查表已审核数据

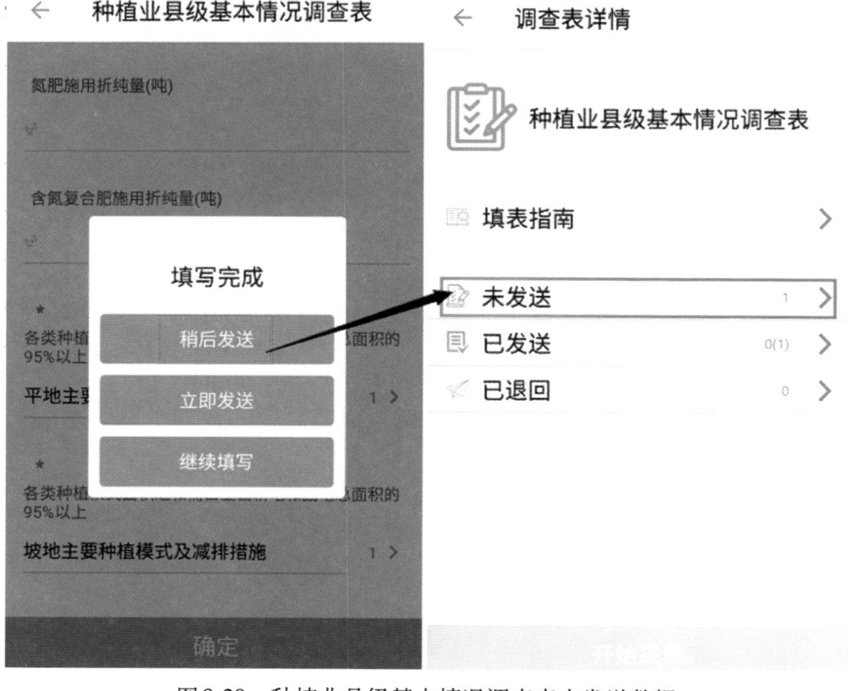

图8-29　种植业县级基本情况调查表未发送数据

（11）未发送的数据可以进行提交，点击“未发送”按钮，点击右上角“提交”按钮，该数据提交成功（图8-30）。

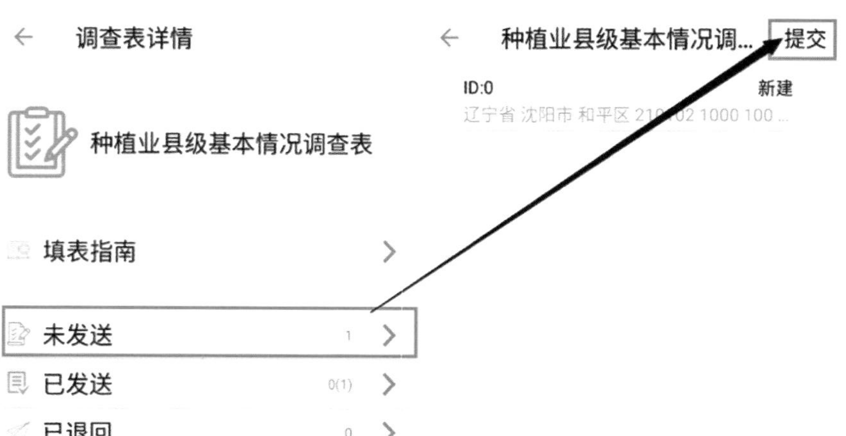

图8-30　种植业县级基本情况调查表未发送数据提交

（12）未发送的数据可以进行修改后再次发送，点击“未发送”按钮，点击要修改的数据，数据修改完，点击“确定”按钮，点击“立即发送”按钮，该数据提交成功（图8-31）。

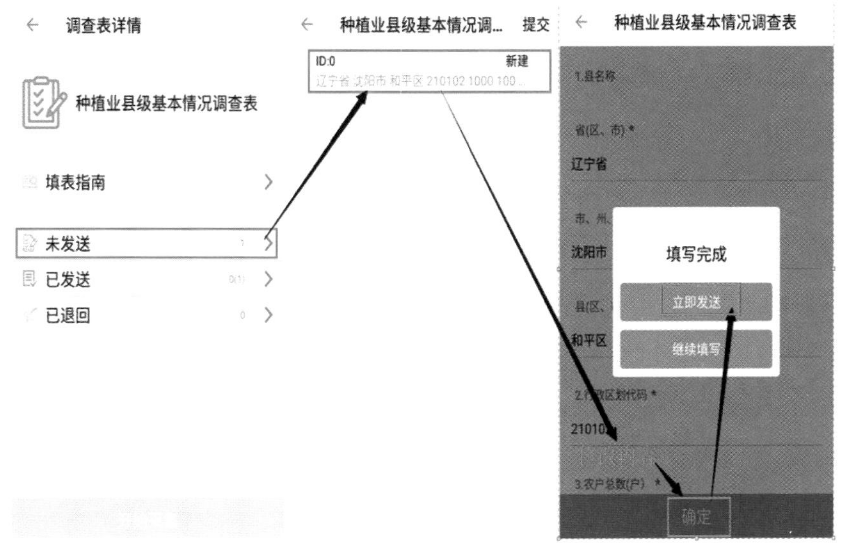

图8-31　种植业县级基本情况调查表立即发送未发送数据

(13) 未发送的数据可以删除，点击“未发送”按钮，一直按着想要删除的数据，弹出提示框，点击“确定”按钮（安卓版手机），该数据被删除，删除后可以重新采集数据(图8-32)。

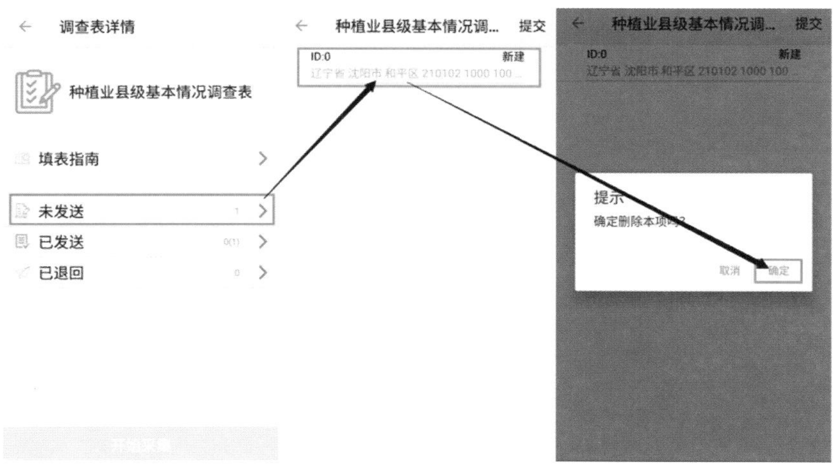

图8-32　种植业县级基本情况调查表未发送数据删除

(14) 点击“已回退”按钮，可以看见审核不通过的数据，该数据不可直接删除，只能修改后再次发送，点击“已回退”按钮，可以看见回退的数据，点击该数据可以进行修改，修改完数据，点击“确定”按钮，点击“立即发送”按钮，数据发送成功（图8-33)。

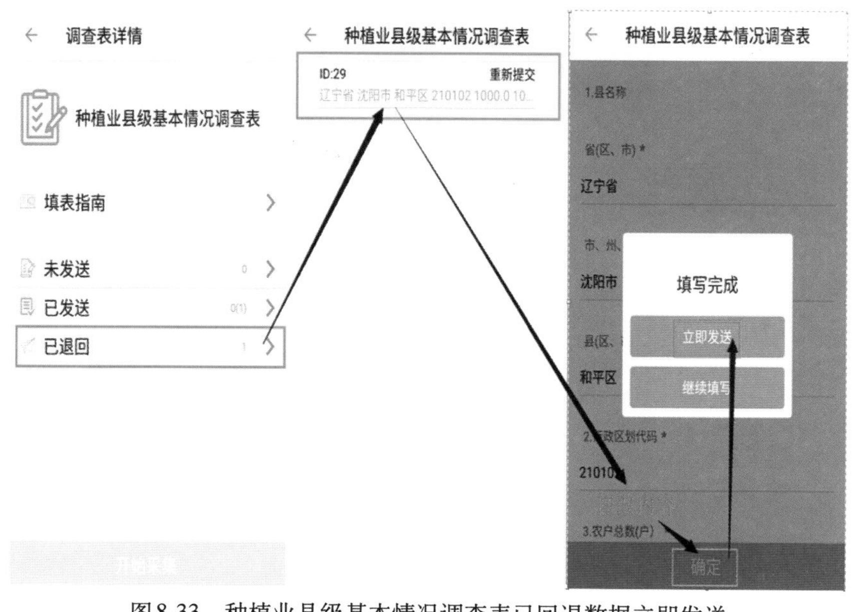

图8-33　种植业县级基本情况调查表已回退数据立即发送

8.5.5 养殖户／散养户畜禽粪污处理调查表填报

（1）使用“县级畜禽养殖业抽样调查员”角色登录成功后首先进入“我的”功能，在个人信息里面查看“角色”、“区域代码”与实际是否相符，如果角色不相符，需要联系县级审核员进行设置（图8-34）。

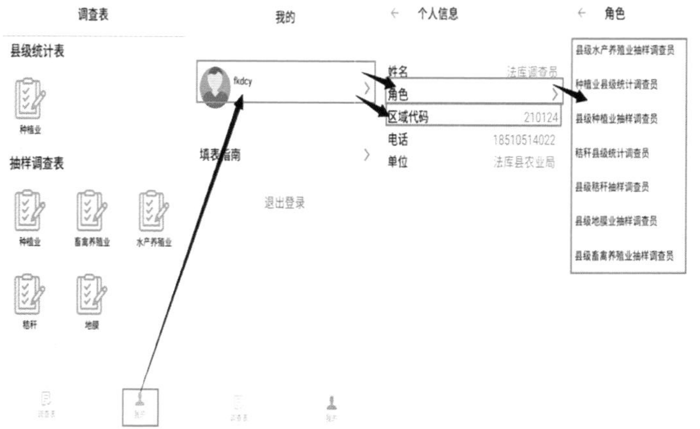

图8-34 县级畜禽养殖业抽样调查员登录

（2）点击抽样调查表中“畜禽养殖业”按钮，可以看到“养殖户/散养户畜禽粪污处理调查表”的任务（图8-35）。

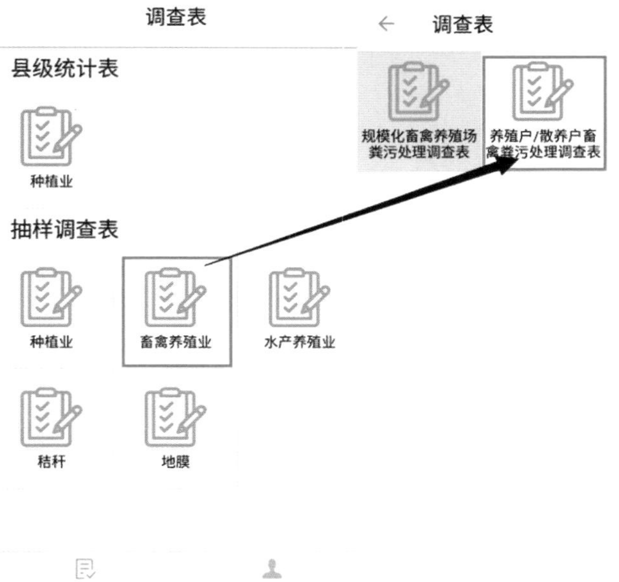

图8-35 养殖户/散养户畜禽粪污处理调查表任务

（3）点击“开始采集”功能按钮（图8-36）。

（4）填写采集数据信息，必填项不能为空（图8-37）。

（5）点击“确定”按钮进行提交，弹出提示框显示“稍后发送”、“立即发送”与“继续发送”（图8-38）。“稍后发送”指将数据保存至“未发送”功能栏中；“立即发送”指可直接发送至上一级（县级）；“继续填写”指关闭弹出框并继续填写此数据。

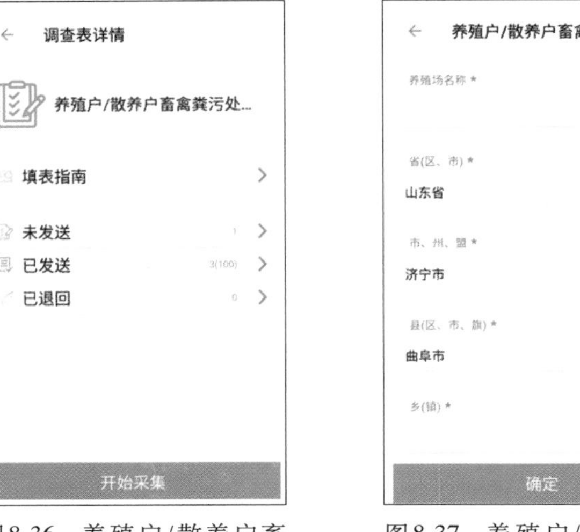

图8-36 养殖户/散养户畜禽粪污处理调查表开始采集

图8-37 养殖户/散养户畜禽粪污处理调查表填报

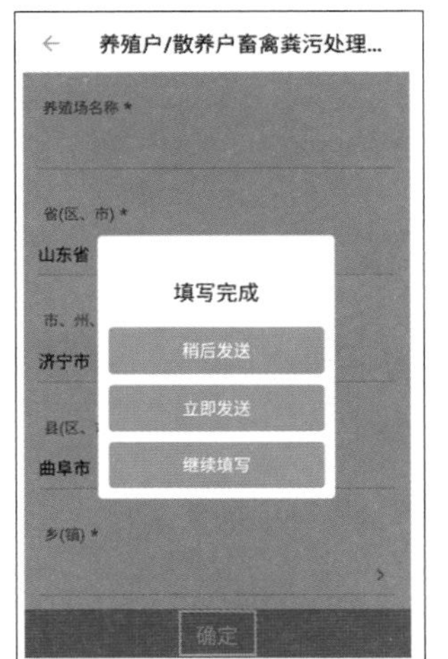

图8-38 养殖户/散养户畜禽粪污处理调查表填写完成

（6）点击“立即发送”数据将发送到上一级（县级），数据发送成功，发送后数据将显示在“已发送”功能栏中（图8-39）。

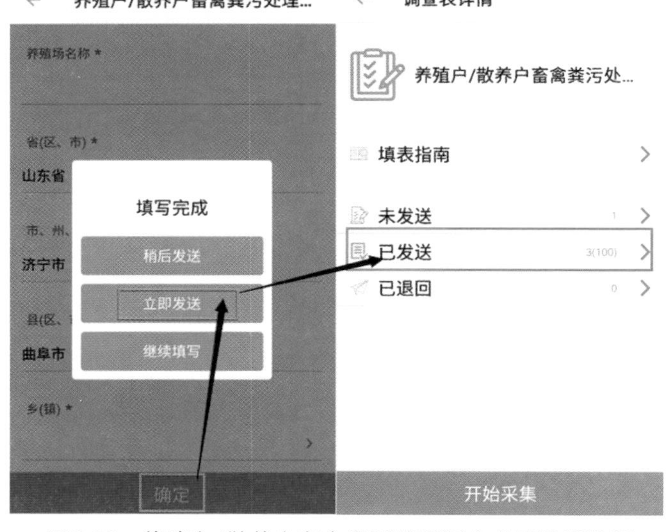

图8-39 养殖户/散养户畜禽粪污处理调查表已发送数据

（7）已提交未审核的数据，可以对该数据进行修改后再次发送，点击“已发送”按钮，点击要修改的数据，修改完成后，点击“确定”按钮，点击“立即发送”按钮数据发送成功（图8-40）。

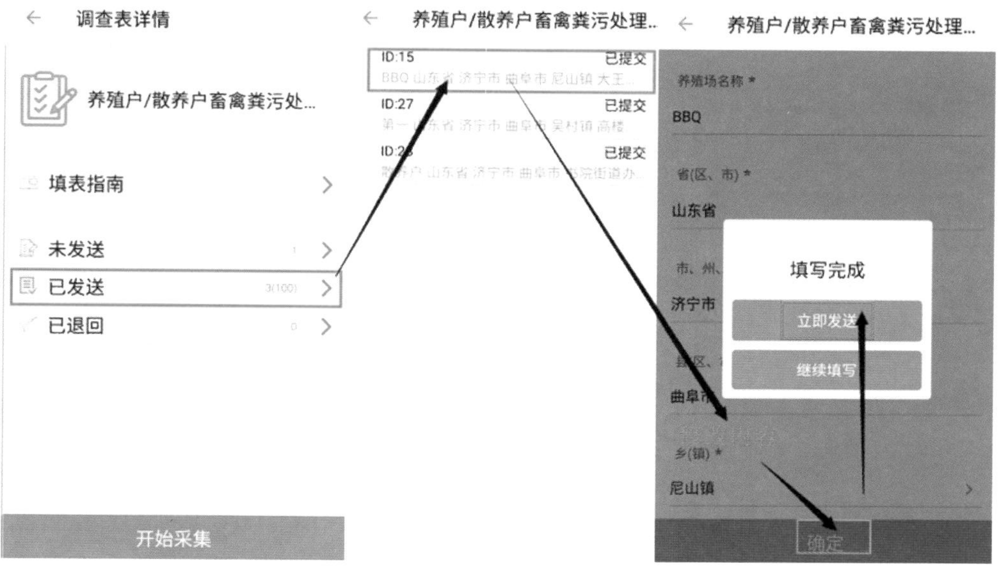

图8-40　养殖户/散养户畜禽粪污处理调查表已发送数据立即发送

（8）已提交未审核的数据，可以对该数据进行删除，点击“已发送”按钮，点击想要删除的数据，弹出提示框，点击“确定”按钮，该数据删除成功（图8-41）。

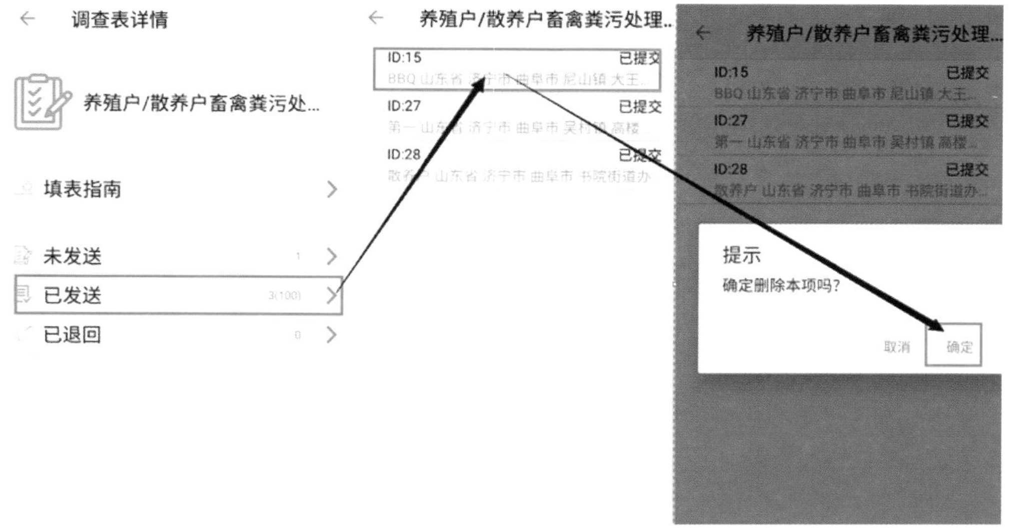

图8-41　养殖户/散养户畜禽粪污处理调查表已发送数据删除

（9）已通过审核的数据，可以进行查看，不可修改和删除（图8-42）。

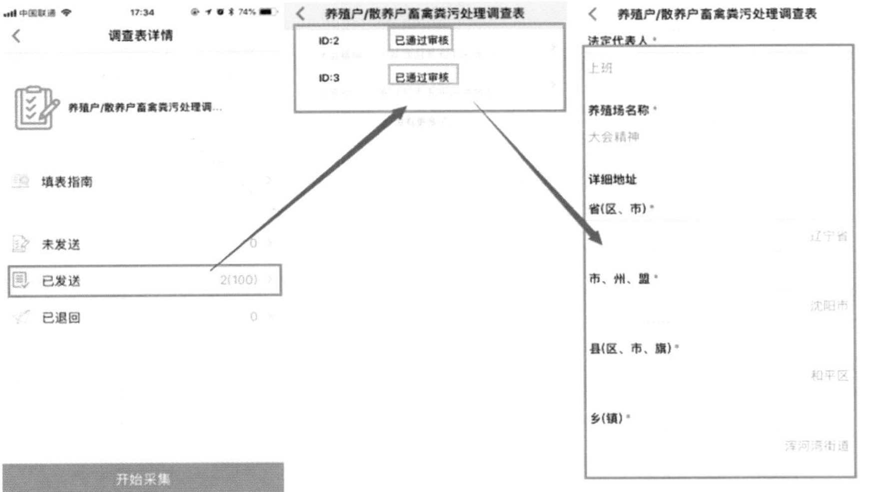

图8-42　养殖户/散养户畜禽粪污处理调查表已审核数据

（10）点击“稍后发送”按钮，数据保存在“未发送”功能栏中（图8-43）。

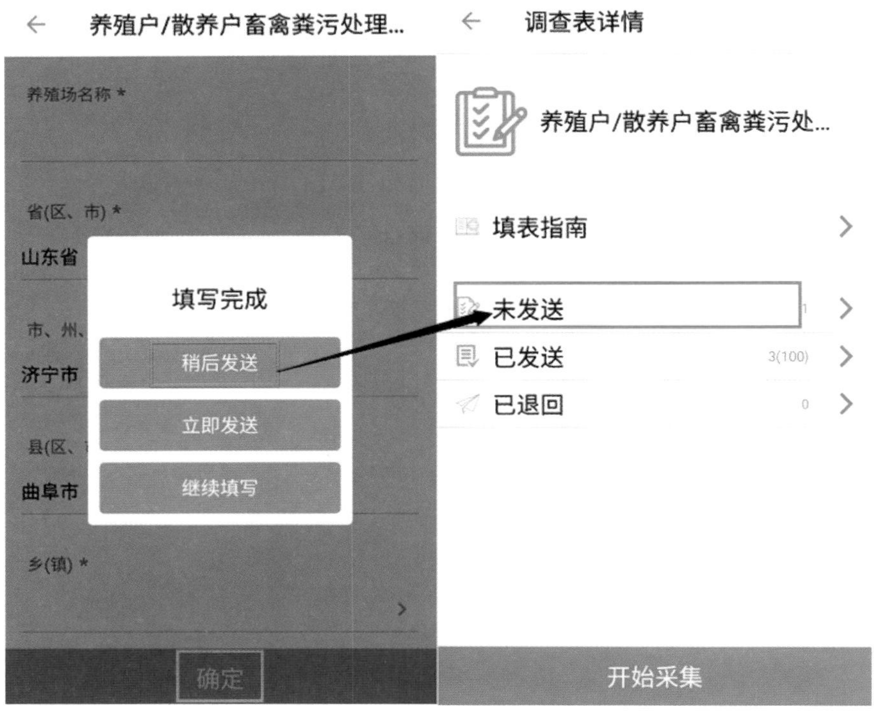

图8-43　养殖户/散养户畜禽粪污处理调查表未发送数据

（11）未发送的数据可以进行提交，点击"未发送"按钮，点击右上角"提交"按钮，该数据提交成功（图8-44）。

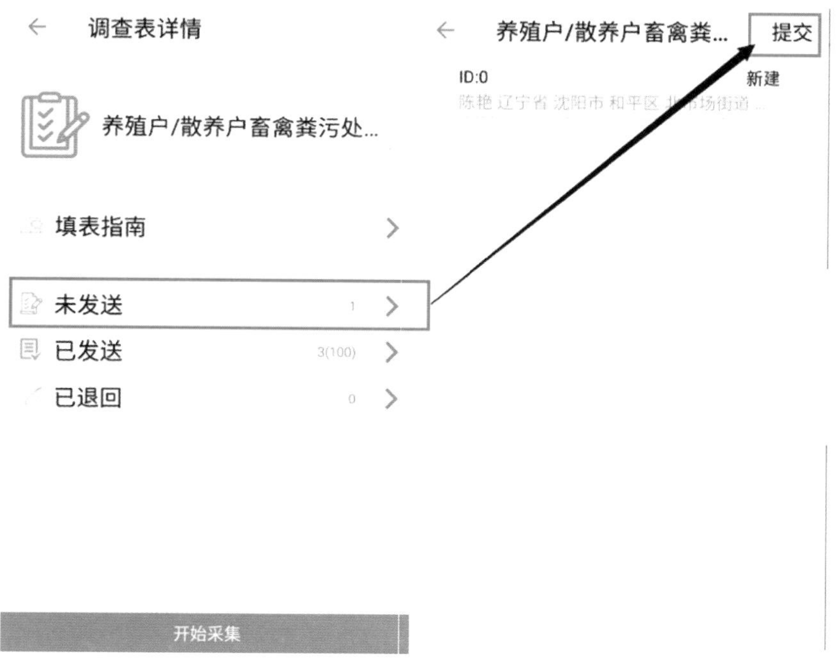

图8-44　养殖户/散养户畜禽粪污处理调查表未发送数据提交

（12）未发送的数据可以进行修改后再次发送，点击"未发送"按钮，点击要修改的数据，数据修改完，点击"确定"按钮，点击"立即发送"按钮，该数据提交成功（图8-45）。

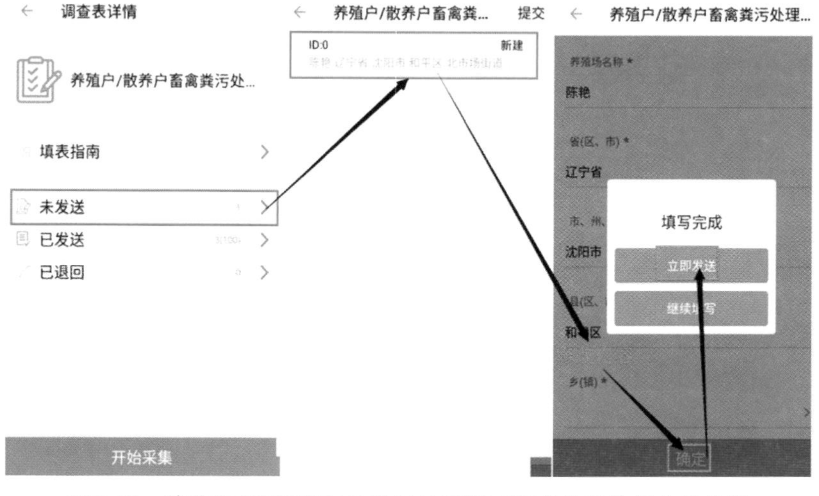

图8-45　养殖户/散养户畜禽粪污处理调查表未发送数据立即发送

（13）未发送的数据可以删除，点击“未发送”按钮，一直按着想要删除的数据，弹出提示框，点击“确定”按钮（安卓版手机），该数据被删除（图8-46）。

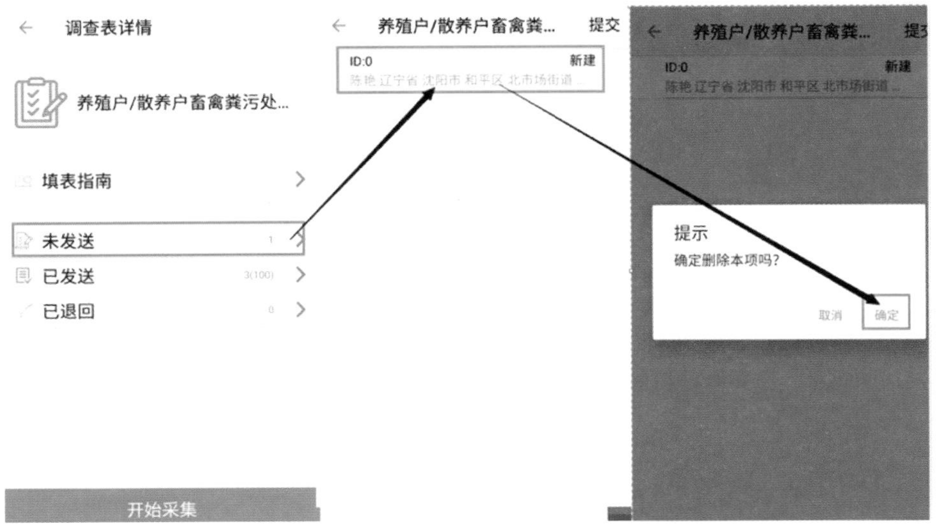

图8-46　养殖户/散养户畜禽粪污处理调查表未发送数据删除

（14）点击“已回退”按钮，可以看见审核不通过的数据，该数据不可删除，只能修改后再次发送，点击“已回退”按钮，可以看见回退的数据，点击该数据，可以进行修改，修改完数据，点击“确定”按钮，点击“立即发送”按钮，数据发送成功（图8-47）。

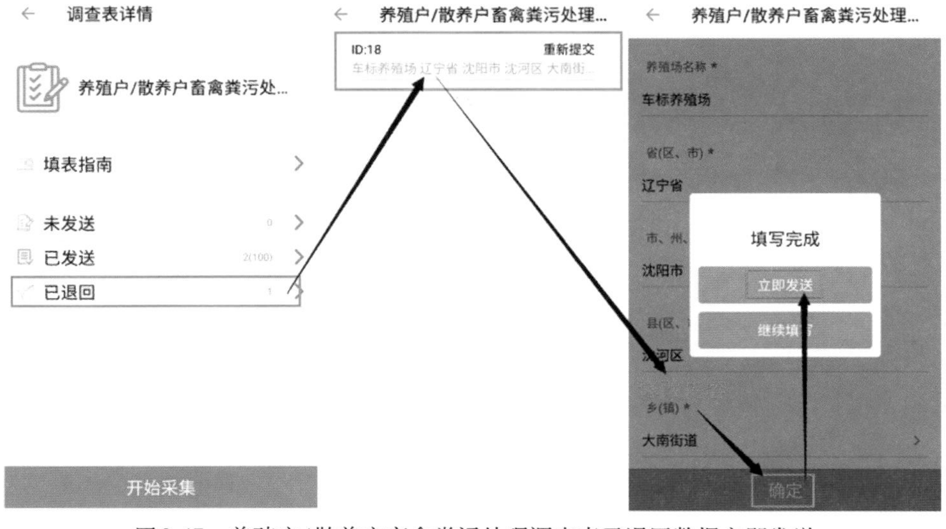

图8-47　养殖户/散养户畜禽粪污处理调查表已退回数据立即发送

8.5.6 水产养殖业信息抽查表填报

（1）使用“县级水产养殖业抽样调查员”角色登录成功后首先进入“我的”功能，在个人信息里面查看“角色”、“区域代码”与实际是否相符，如果角色不相符，需要联系县级审核员进行设置（图8-48）。

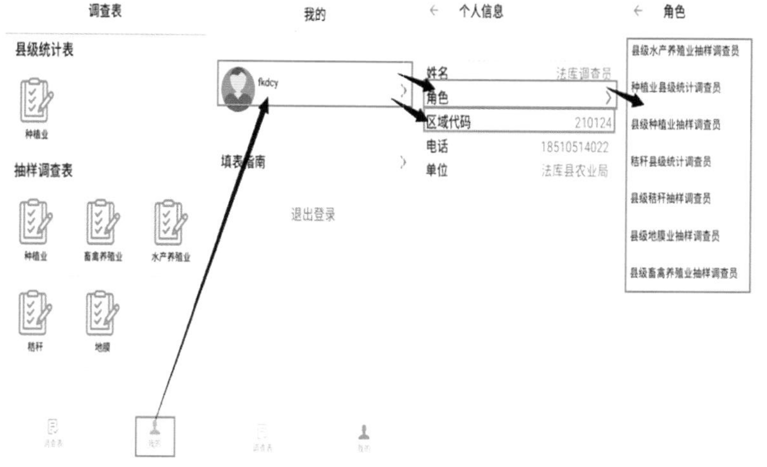

图8-48 县级水产养殖业抽样调查员登录

（2）点击抽样调查表中“水产养殖业”按钮，可以看到“水产养殖业信息抽查表”的任务（图8-49）。

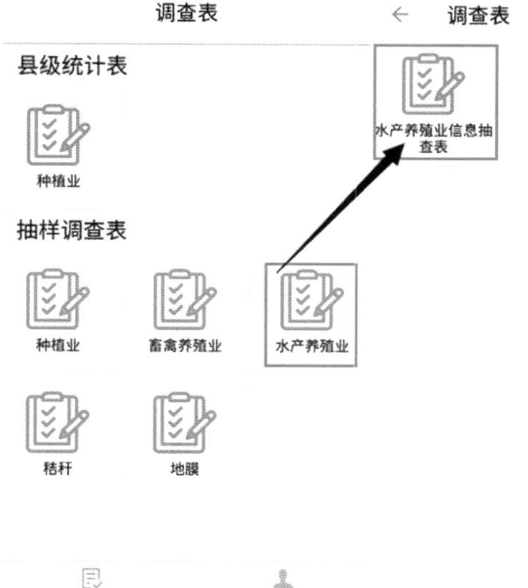

图8-49 水产养殖业信息抽查表任务

（3）点击“开始采集”功能按钮（图8-50）。

（4）填写采集数据信息，必填项不能为空（图8-51）。

（5）点击“确定”按钮进行提交，弹出提示框显示“稍后发送”、“立即发送”与“继续发送”(图8-52)。“稍后发送”指将数据保存至“未发送”功能栏中；“立即发送”指可直接发送至上一级（县级）；“继续填写”指关闭弹出框并继续填写此数据。

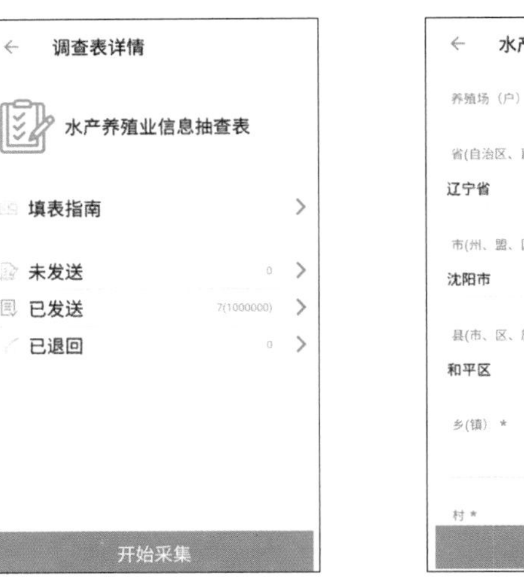

图8-50　水产养殖业信息抽查表开始采集

图8-51　水产养殖业信息抽查填报

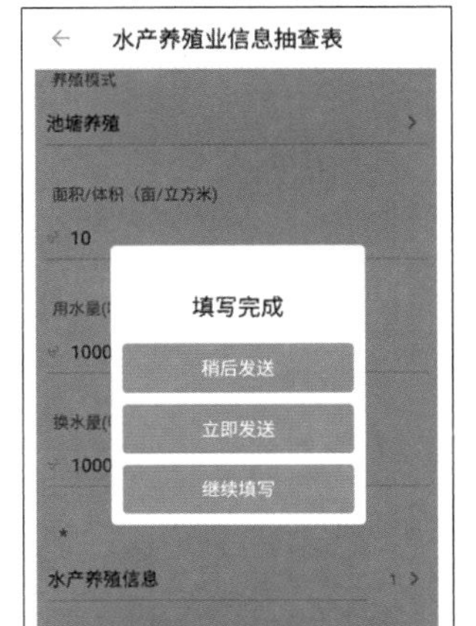

图8-52　水产养殖业信息抽查表填写完成

（6）点击“立即发送”按钮，数据将发送到上一级（县级），数据发送成功，发送后数据将显示在“已发送”功能栏中（图8-53）。

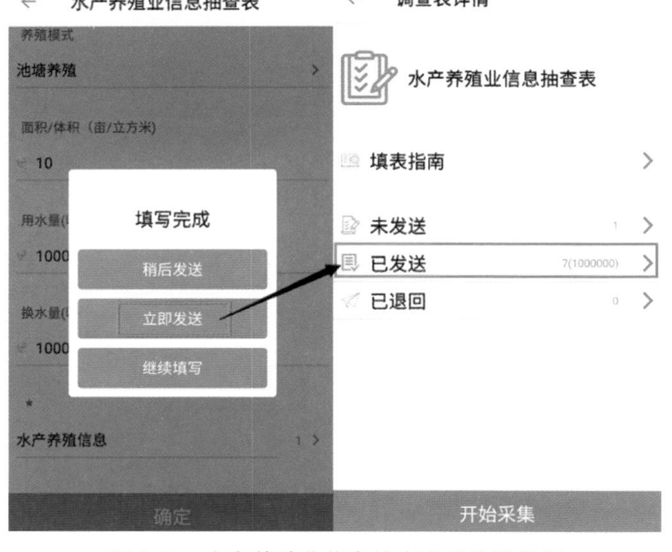

图8-53　水产养殖业信息抽查表已发送数据

（7）已提交未审核的数据，可以对该数据进行修改后再次发送，点击“已发送”按钮，点击要修改的数据，修改完成后点击“确定”按钮，点击“立即发送”按钮，数据发送成功（图8-54）。

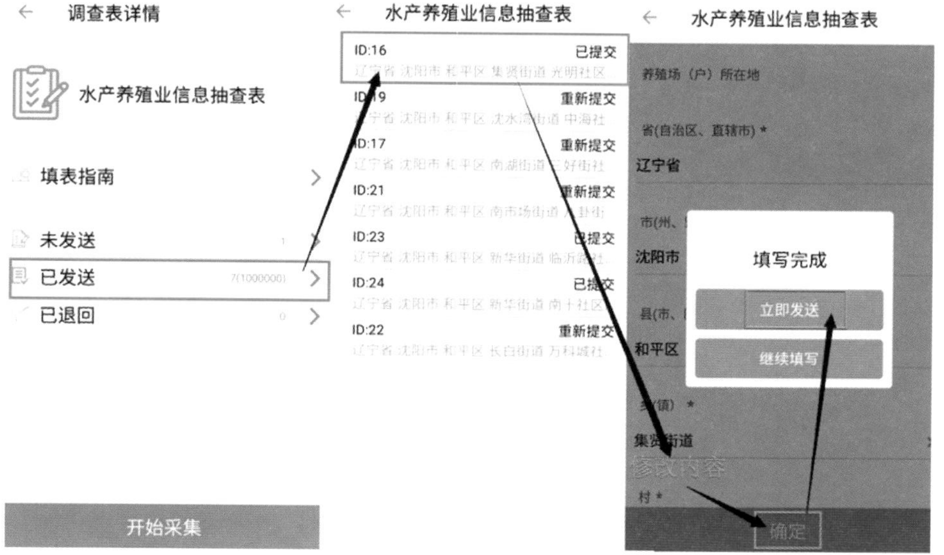

图8-54　水产养殖业信息抽查表已发送数据立即发送

（8）已提交未审核的数据，可以对该数据进行删除，点击“已发送”按钮，点击想要删除的数据，弹出提示框，点击“确定”按钮，该数据删除成功（图8-55）。

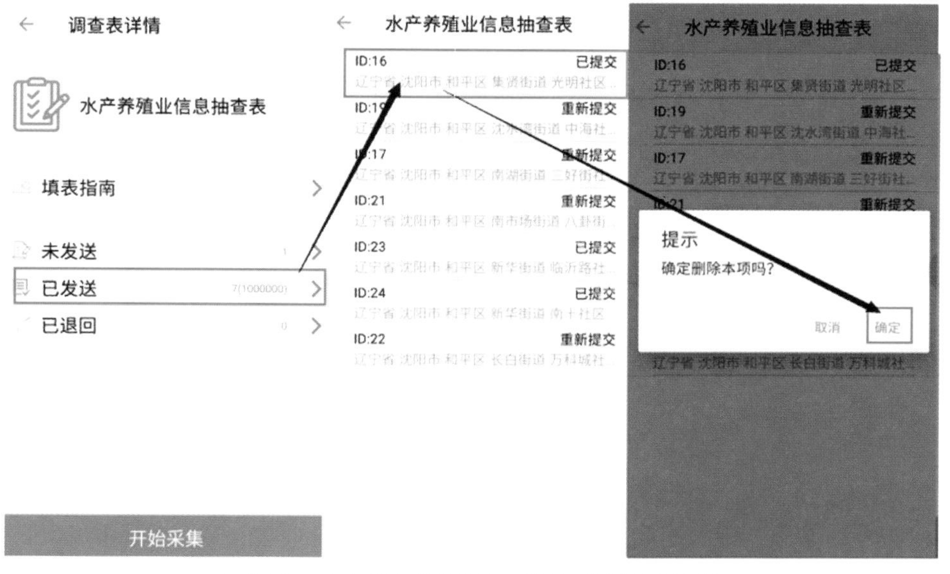

图8-55　水产养殖业信息抽查表已发送数据删除

(9) 已通过审核的数据，可以进行看看，不可修改和删除（图8-56）。

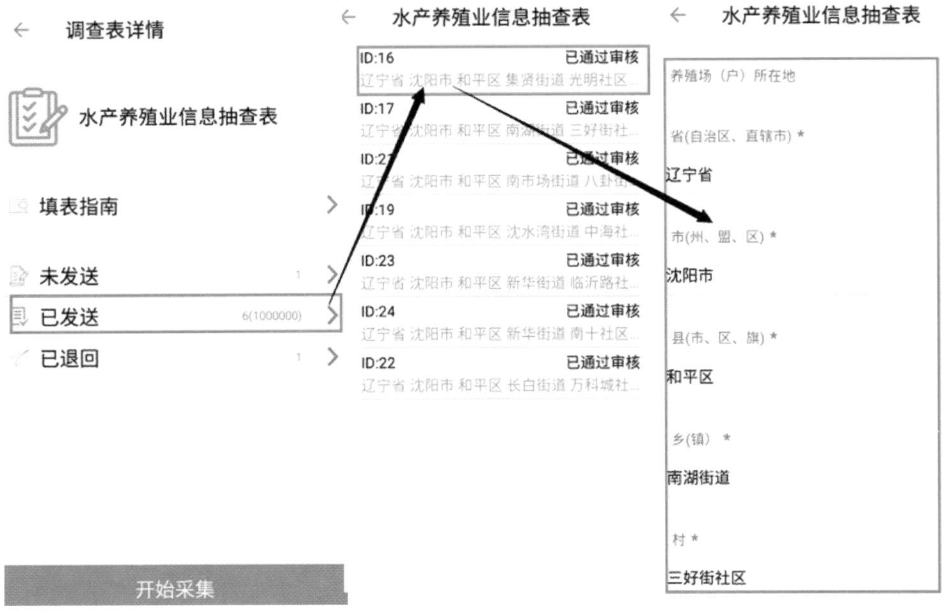

图8-56　水产养殖业信息抽查表已审核数据

(10) 点击“稍后发送”按钮，数据保存在“未发送”功能栏中（图8-57）。

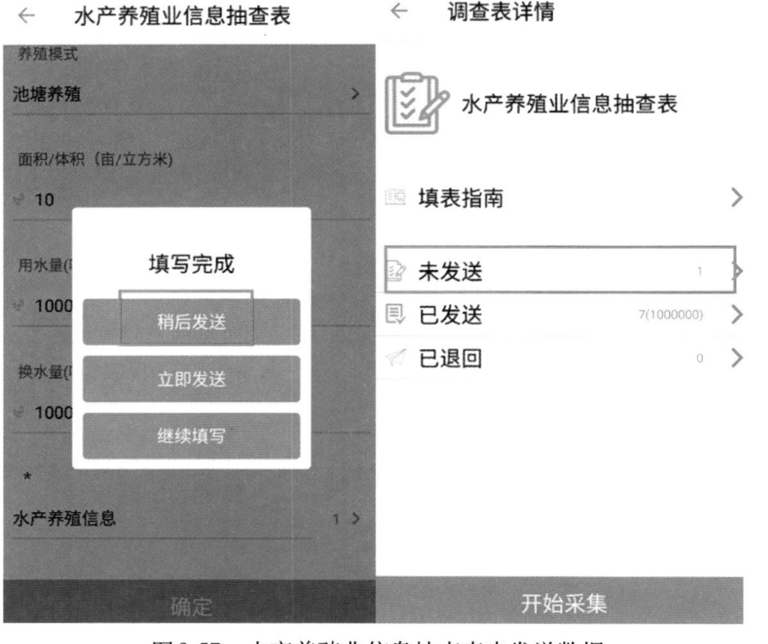

图8-57　水产养殖业信息抽查表未发送数据

（11）未发送的数据可以进行提交，点击“未发送”按钮，点击右上角“提交”按钮，该数据提交成功（图8-58）。

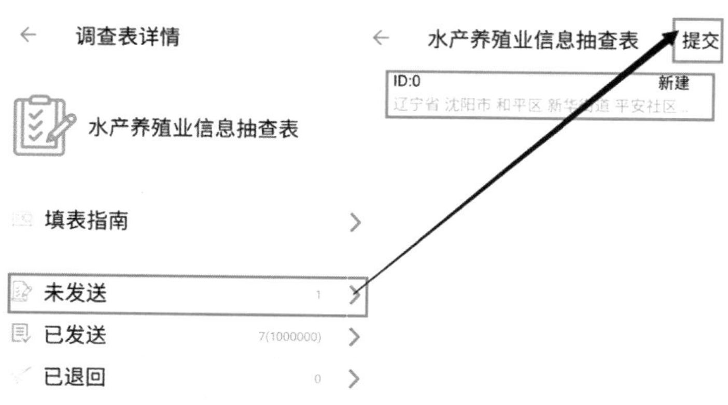

图8-58　水产养殖业信息抽查表未发送数据提交

（12）未发送的数据可以进行修改后再次发送，点击“未发送”按钮，点击要修改的数据，数据修改完，点击“确定”按钮，点击“立即发送”按钮，该数据提交成功（图8-59）。

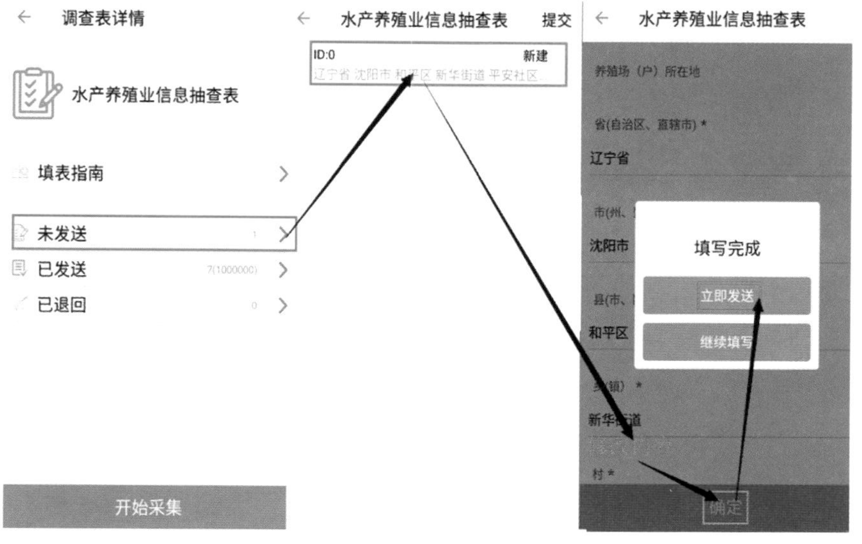

图8-59　水产养殖业信息抽查表未发送数据立即发送

（13）未发送的数据可以删除，点击“未发送”按钮，一直按着想要删除的数据，弹出提示框，点击“确定”按钮（安卓版手机），该数据被删除（图8-60）。

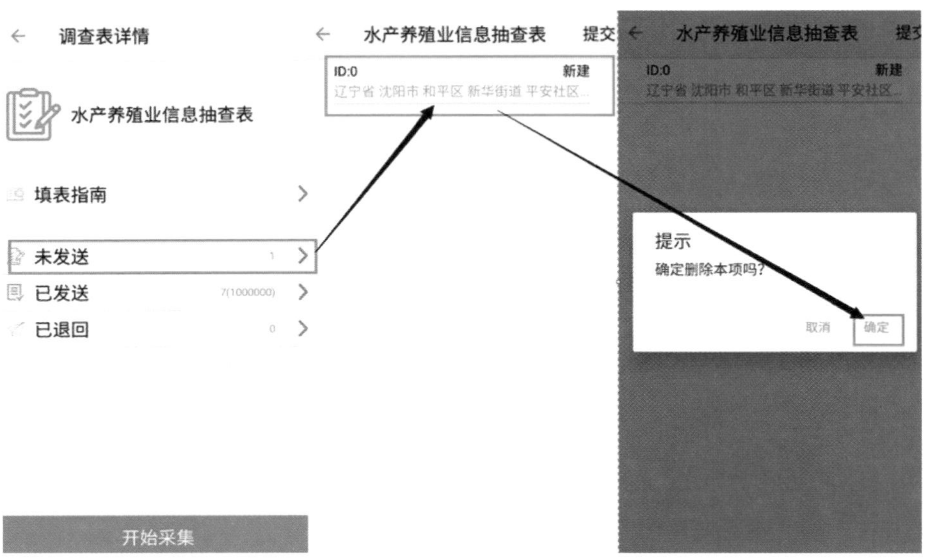

图8-60　水产养殖业信息抽查表未发送数据删除

（14）点击“已回退”按钮，可以看见审核不通过的数据，该数据不可删除，只能修改后再次发送，点击“已回退”按钮，可以看见回退的数据，点击该数据，可以进行修改，修改完数据，点击“确定”按钮，点击“立即发送”按钮，数据发送成功（图8-61）。

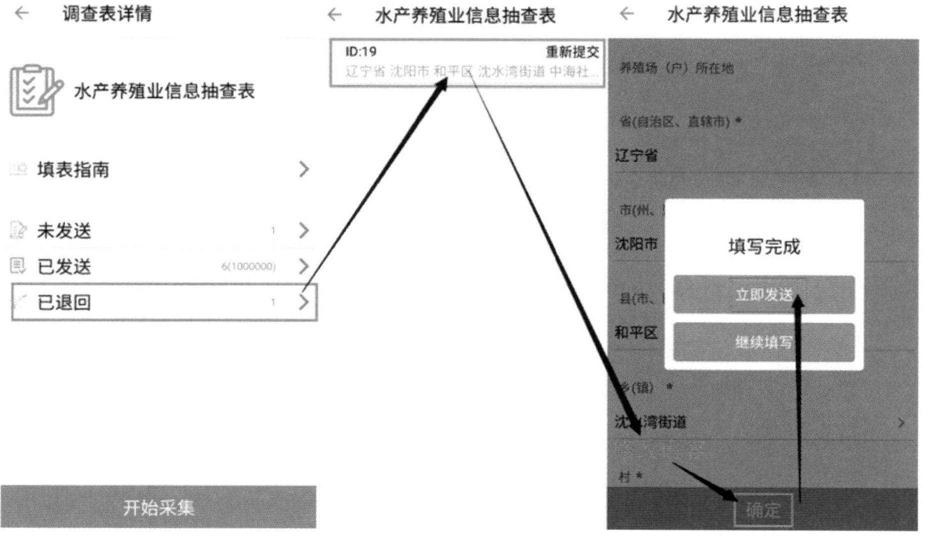

图8-61　水产养殖业信息抽查表已退回数据立即发送

8.5.7　农作物秸秆利用农户抽样调查表填报

（1）在电脑登录"县级秸秆统计调查员"账号，乡镇面积维护，在"代办事宜"，点击乡镇面积维护"查看"，填写面积（图8-62）。

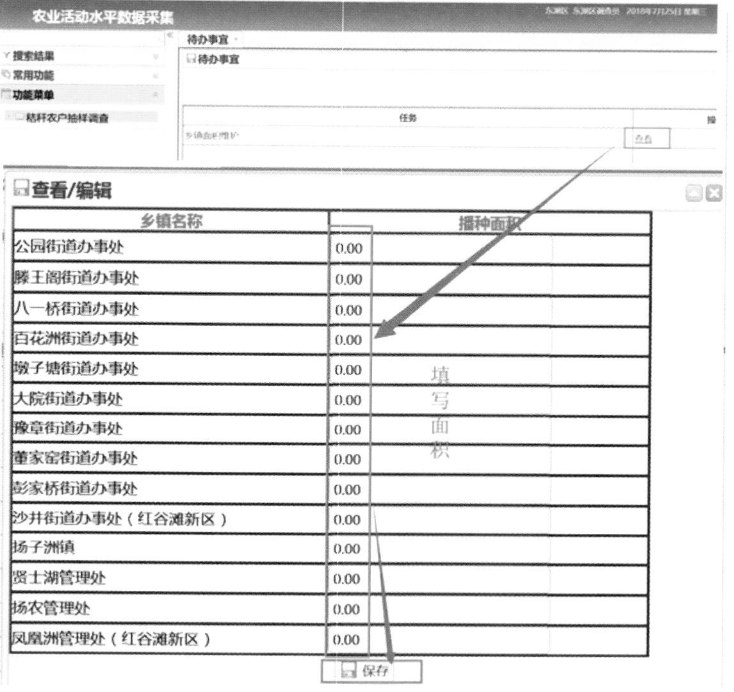

图8-62　乡镇面积维护

（2）乡镇抽样，在"代办事宜"点击"抽样"，点击"抽样计算"按钮，点击"保存抽样结果"按钮，等待县级秸秆审核员进行审核，审核通过后进行行政村面积维护（图8-63）。

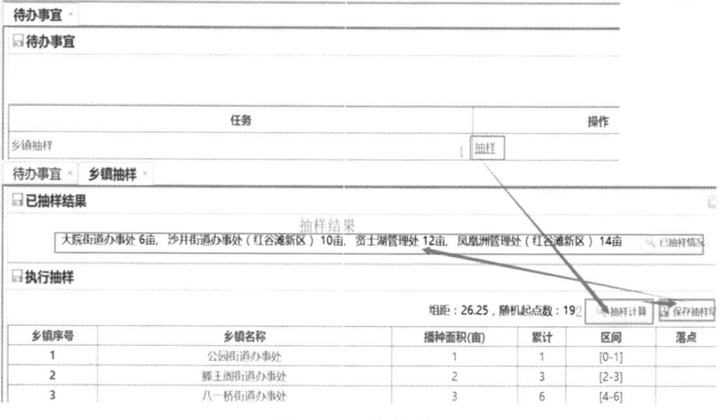

图8-63　乡镇抽样

（3）行政村面积维护，在“代办事宜”中点击“查看”按钮，填写行政村的面积（图8-64）。

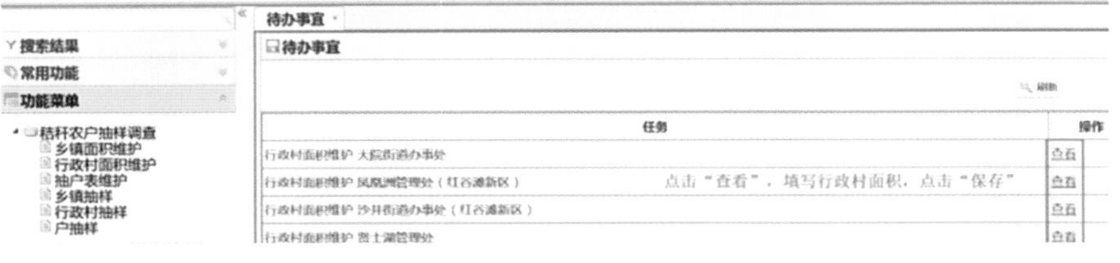

图8-64　行政村面积维护

（4）行政村抽样，在“代办事宜”点击“查看”按钮，点击“抽样计算”按钮，点击“保存抽样结果”按钮。等待县级秸秆审核员进行审核，审核通过后进行抽户表维护（图8-65）。

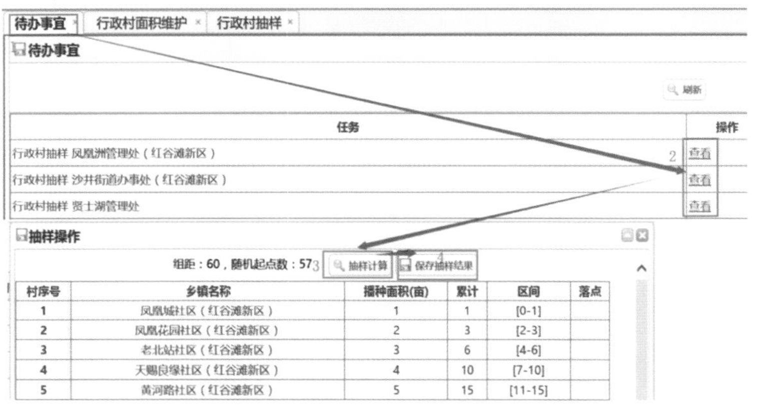

村序号	乡镇名称	播种面积(亩)	累计	区间	落点
1	凤凰城社区（红谷滩新区）	1	1	[0-1]	
2	凤凰花园社区（红谷滩新区）	2	3	[2-3]	
3	老北站社区（红谷滩新区）	3	6	[4-6]	
4	天赐良缘社区（红谷滩新区）	4	10	[7-10]	
5	黄河路社区（红谷滩新区）	5	15	[11-15]	

图8-65　行政村抽样

（5）抽户表维护，在“代办事宜”中点击“查看”，点击“添加记录”按钮，填写户名、地块名称、地块面积，点击“保存”按钮，可以对数据进行删除（图8-66）。

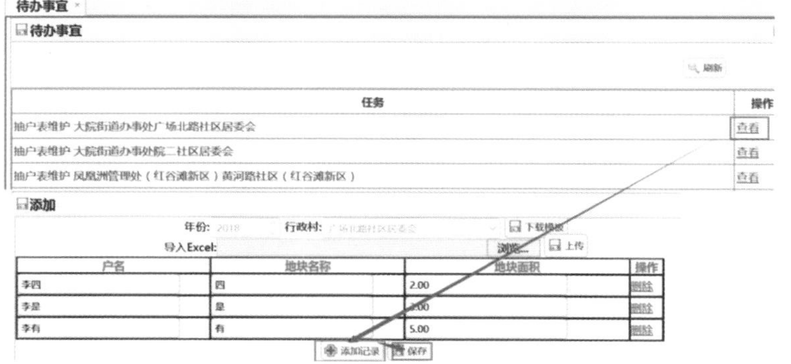

户名	地块名称	地块面积	操作
李四	四	2.00	删除
李是	是	2.00	删除
李有	有	5.00	删除

图8-66　抽户表维护

（6）用Excel导入，点击“下载模板”按钮（图8-67）。

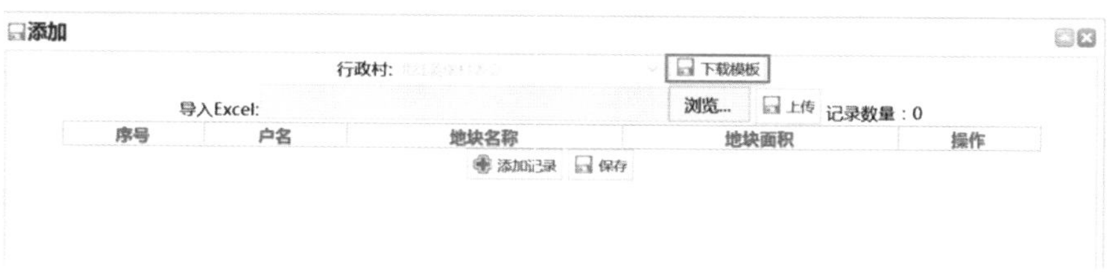

图8-67　模板下载

（7）点击“另存为”按钮，存在自己能记住的文件目录下，点击“保存”按钮。点击“打开文件”按钮，打开这个Excel，填写数据，点击保存，等上传时点击“浏览”按钮，选择Excel，点击“上传”按钮，点击“保存”按钮（图8-68）。

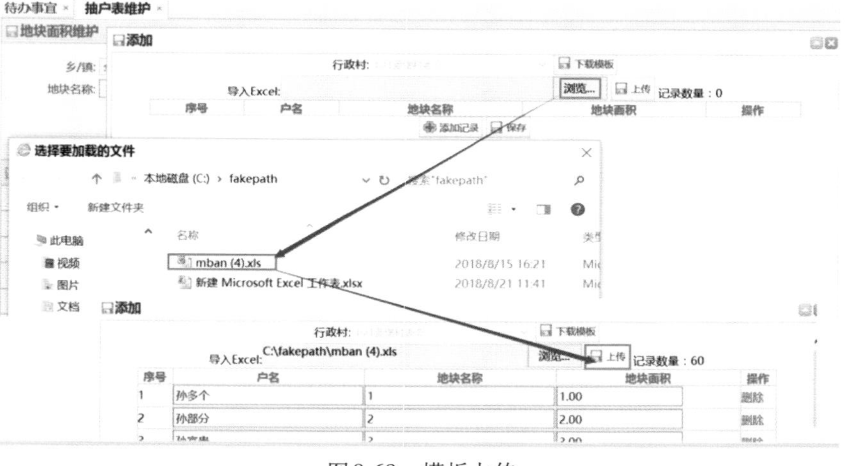

图8-68　模板上传

（8）户抽样，在“代办事宜”点击“查看”按钮（图8-69）。

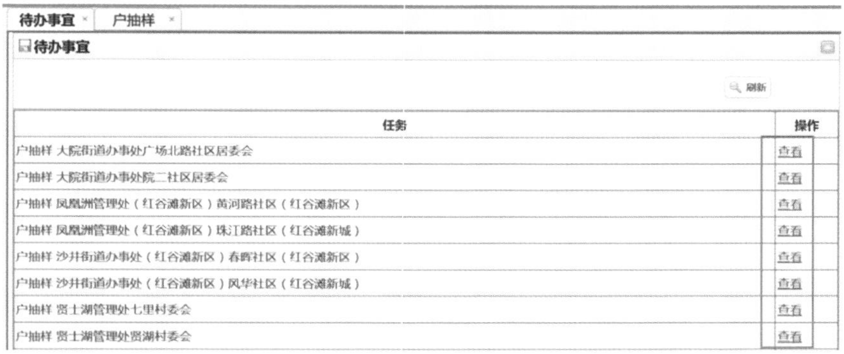

待办事宜　户抽样

待办事宜

刷新

任务	操作
户抽样 大院街道办事处广场北路社区居委会	查看
户抽样 大院街道办事处院二社区居委会	查看
户抽样 凤凰洲管理处（红谷滩新区）黄河路社区（红谷滩新区）	查看
户抽样 凤凰洲管理处（红谷滩新区）珠江路社区（红谷滩新城）	查看
户抽样 沙井街道办事处（红谷滩新区）春晖社区（红谷滩新区）	查看
户抽样 沙井街道办事处（红谷滩新区）风华社区（红谷滩新城）	查看
户抽样 贤士湖管理处七里村委会	查看
户抽样 贤士湖管理处贤湖村委会	查看

图8-69　户抽样

(9) 点击“抽样计算”按钮，再点击“保存抽样结果”按钮。等待县级秸秆审核员进行审核，审核通过后，手机端可以进行报表填写（图8-70）。

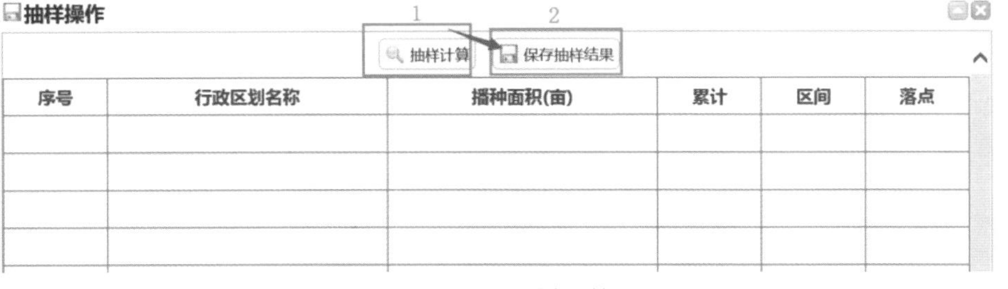

图8-70　户抽样计算

(10) 使用“县级秸秆抽样调查员”角色登录成功后首先进入“我的”功能，在个人信息里面查看“角色”“行政区划”与实际的“角色”“行政区划”是否相符，如果角色不相符，需要联系县级审核员进行设置（图8-71）。

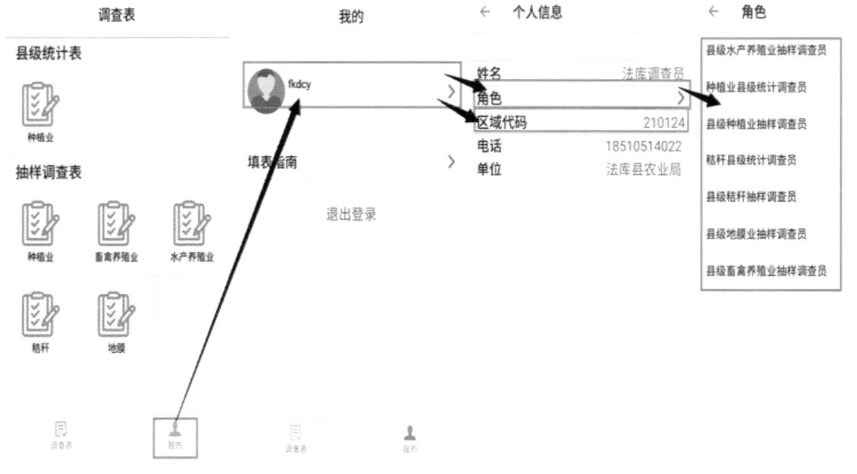

图8-71　县级秸秆抽样调查员登录

(11) 点击抽样调查表中“秸秆”按钮，可以看到“农作物秸秆利用农户抽样调查表”的任务（图8-72）。

(12) 点击“开始采集”功能按钮（图8-73）。

(13) 填写采集数据信息，必填项不能为空（图8-74）。

(14) 点击“确定”按钮进行提交，弹出提示框显示：“稍后发送”、“立即发送”与“继续发送”（图8-75）。“稍后发送”指将数据保存至“未发送”功能栏中；“立即发送”指可直接发送至上一级（县级）；“继续填写”指关闭弹出框并继续填写此数据。

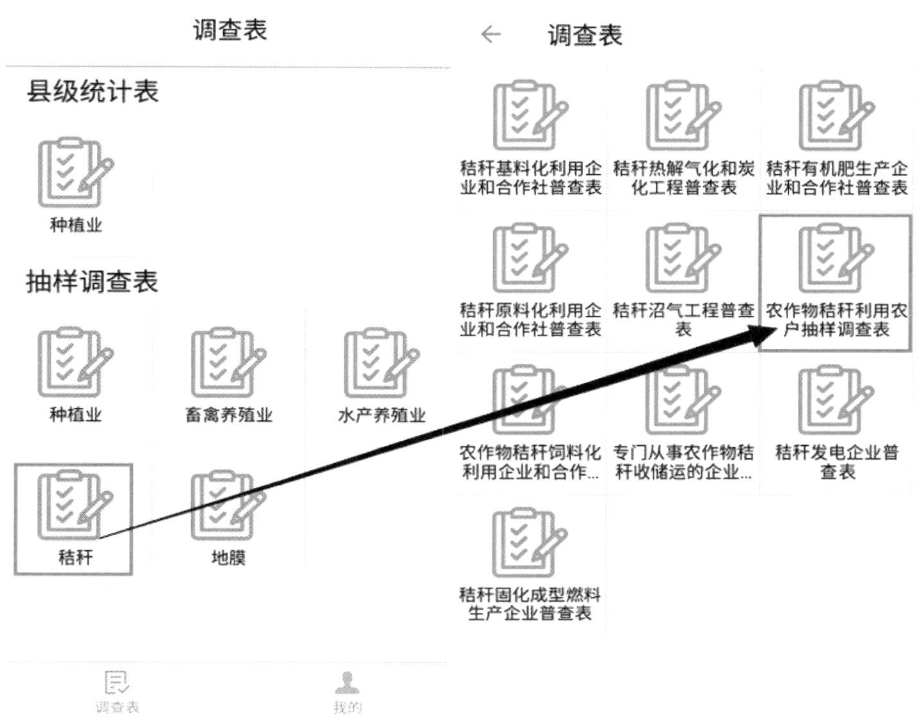

图8-72　农作物秸秆利用农户抽样调查表任务

图8-73　农作物秸秆利用农户抽样调查表开始采集

图8-74　农作物秸秆利用农户抽样调查表填报

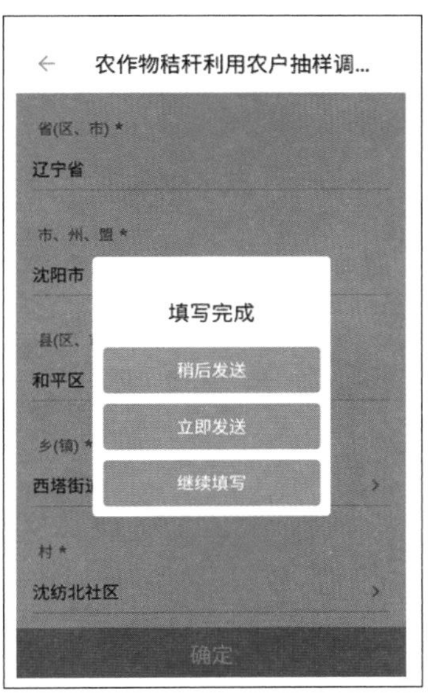

图8-75　农作物秸秆利用农户抽样调查表填写完成

（15）点击“立即发送”按钮，数据将发送到上一级（县级），数据发送成功后将显示在“已发送”功能栏中（图8-76）。

图8-76　农作物秸秆利用农户抽样调查表已发送数据

（16）已提交未审核的数据，可以对该数据进行修改后再次发送，点击“已发送”按钮，点击要修改的数据，修改完成后点击“确定”按钮，点击“立即发送”按钮，数据发送成功（图8-77）。

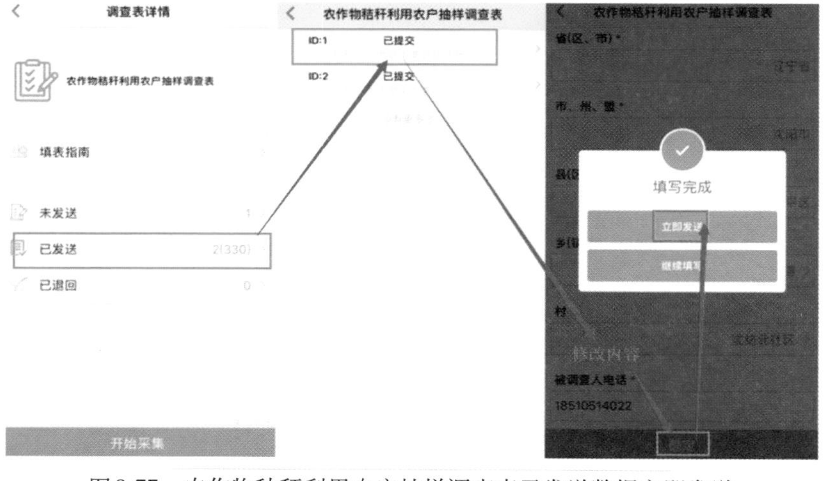

图8-77　农作物秸秆利用农户抽样调查表已发送数据立即发送

(17) 已提交未审核的数据，可以对该数据进行删除，点击"已发送"按钮，选择要删除的数据往左侧滑动，点击"Delete"按钮（苹果手机），该数据删除成功（图8-78）。

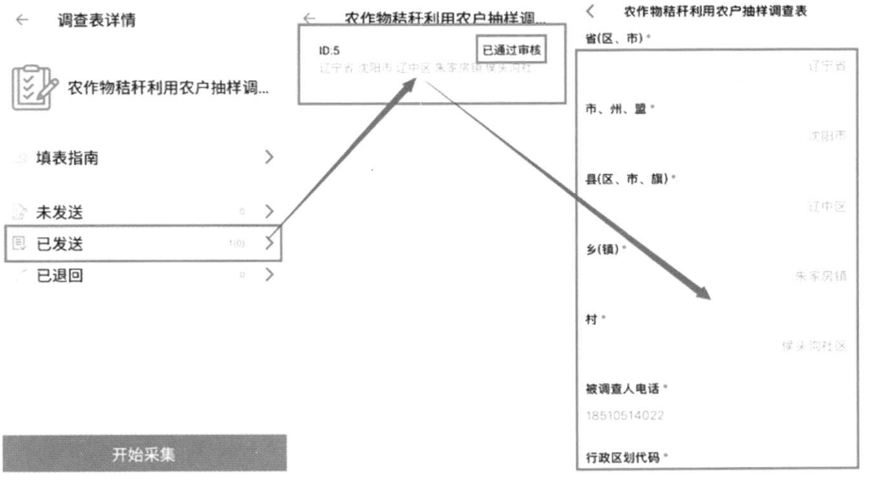

图8-78　农作物秸秆利用农户抽样调查表已发送数据删除

(18) 已通过审核的数据，可以进行查看，不可修改和删除（图8-79）。

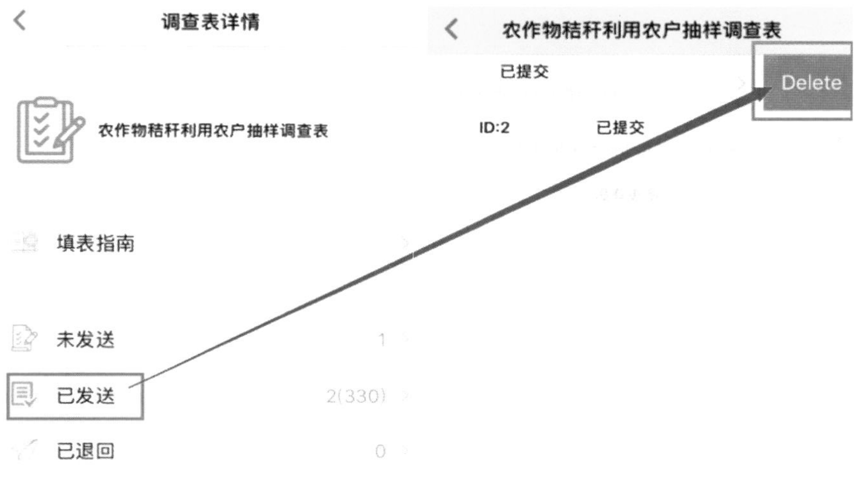

图8-79　农作物秸秆利用农户抽样调查表已审核数据

(19) 点击“稍后发送”按钮，数据保存在“未发送”功能栏中（图8-80）。

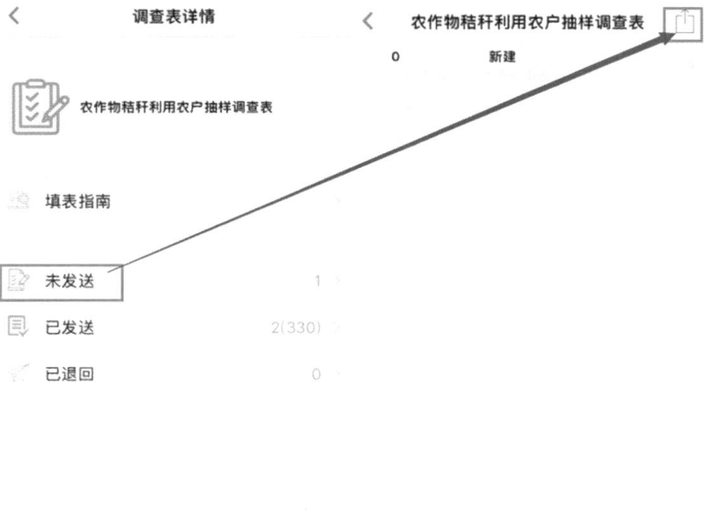

图8-80　农作物秸秆利用农户抽样调查表未发送数据

(20) 未发送的数据可以进行提交，点击“未发送”按钮，点击右上角“提交”按钮，该数据提交成功（图8-81）。

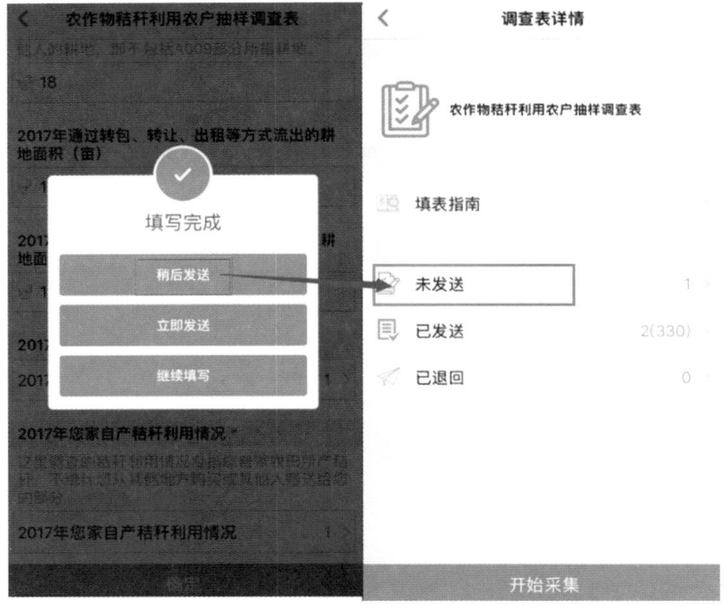

图8-81　农作物秸秆利用农户抽样调查表未发送数据提交

(21) 未发送的数据可以进行修改后再次发送，点击“未发送”按钮，点击要修改的数据，数据修改完点击“确定”按钮，点击“立即发送”按钮，该数据提交成功（图8-82）。

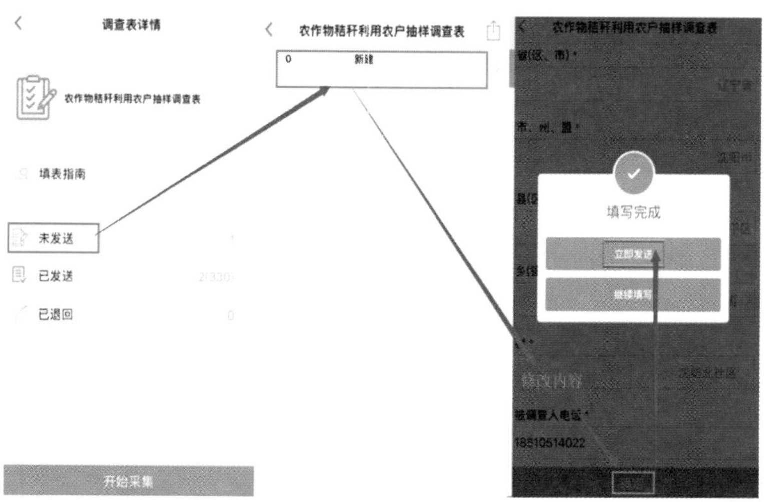

图8-82　农作物秸秆利用农户抽样调查表未发送数据立即发送

(22) 未发送的数据可以删除，点击“未发送”按钮，选择要删除的数据往左侧滑动，点击“Delete”按钮（苹果手机），该数据删除成功（图8-83）。

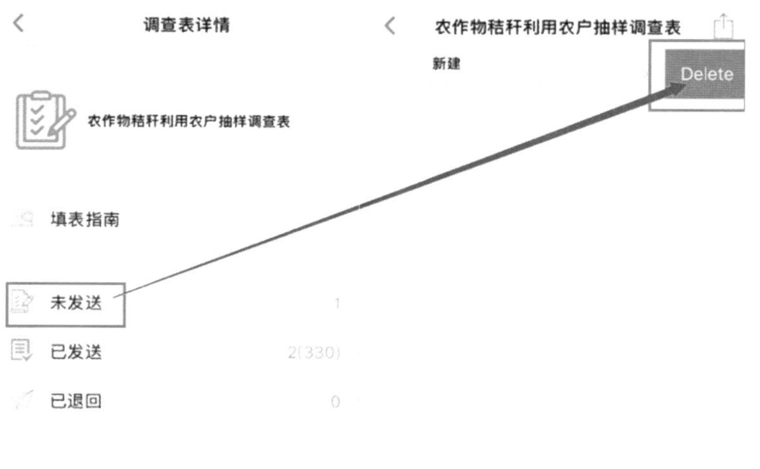

图8-83　农作物秸秆利用农户抽样调查表未发送数据删除

（23）点击“已回退”按钮，可以看见审核不通过的数据，该数据不可删除，只能修改后再次发送，点击“已回退”按钮，可以看见回退的数据，点击该数据可以进行修改，修改完数据点击“确定”按钮，点击“立即发送”按钮，数据发送成功（图8-84）。

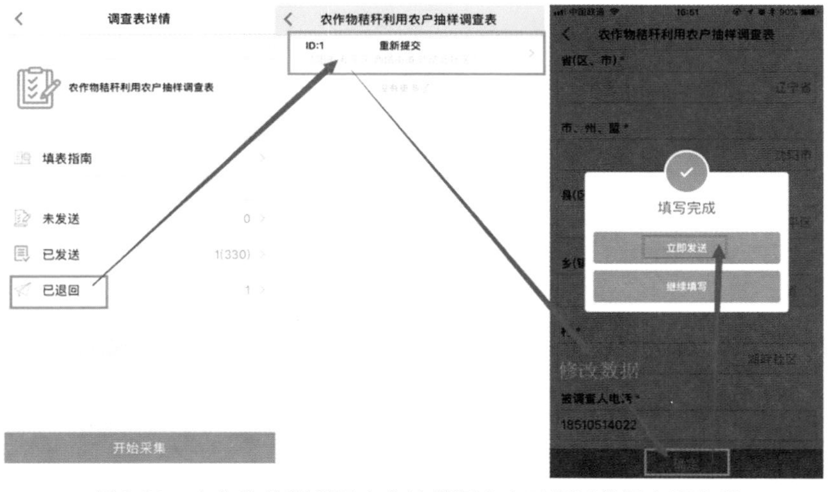

图8-84　农作物秸秆利用农户抽样调查表已退回数据立即发送

8.5.8　农作物秸秆饲料化利用企业和合作社调查表填报

需要县级审核员进行企业名单上报审核，审核通过后，手机端才可以填表，如果没有任务调查表，可以联系县级审核员。

（1）使用“县级秸秆抽样调查员”角色登录成功后首先进入“我的”功能，在个人信息里面查看“角色”“区域代码”与实际是否相符，如果角色不相符，需要联系县级审核员进行设置（图8-85）。

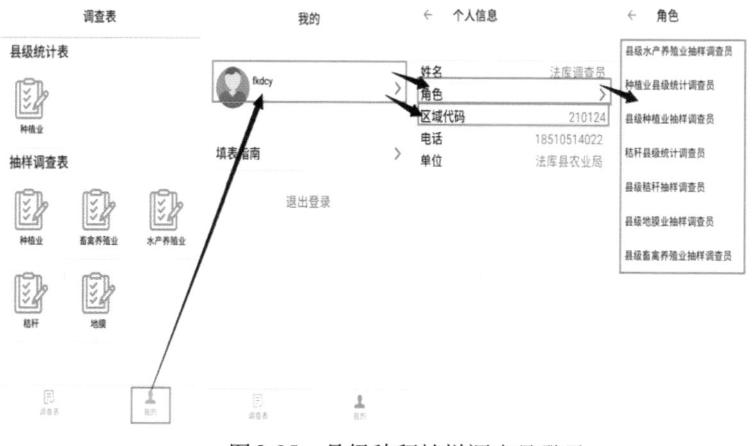

图8-85　县级秸秆抽样调查员登录

（2）点击抽样调查表中“秸秆”按钮，可以看到“农作物秸秆饲料化利用企业和合作社调查表”的任务（图8-86）。

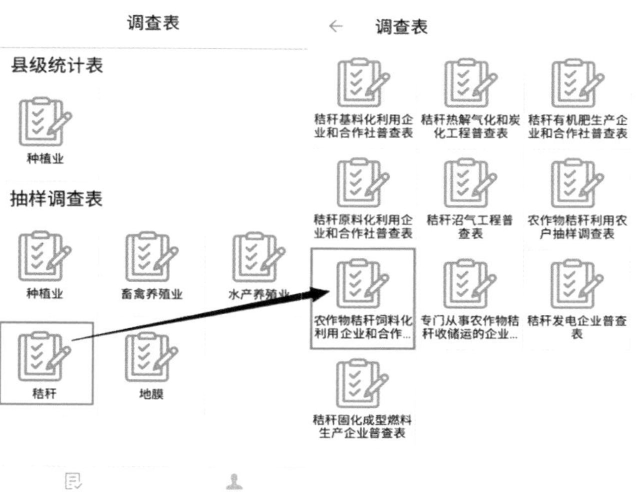

图8-86　农作物秸秆饲料化利用企业和合作社调查表任务

（3）点击“开始采集”功能按钮（图8-87）。

（4）填写采集数据信息，必填项不能为空（图8-88）。

（5）点击“确定”按钮进行提交，弹出提示框显示“稍后发送”、“立即发送”与“继续发送”（图8-89）。“稍后发送”指将数据保存至“未发送”功能栏中；“立即发送”指可直接发送至上一级（县级）；“继续填写”指关闭弹出框并继续填写此数据。

图8-87　农作物秸秆饲料化利用企业和合作社调查表开始采集

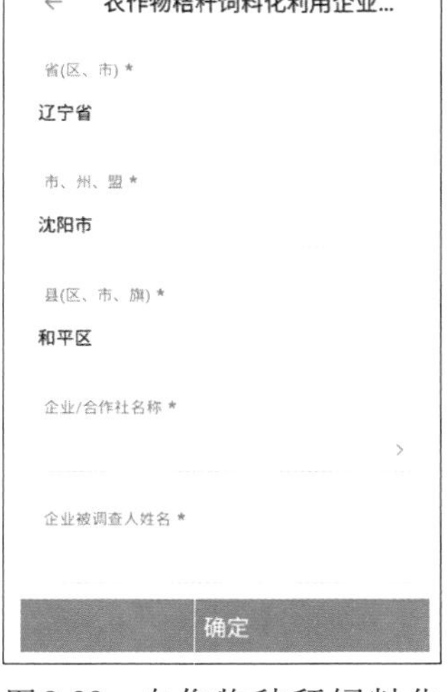

图8-88　农作物秸秆饲料化利用企业和合作社调查表填报

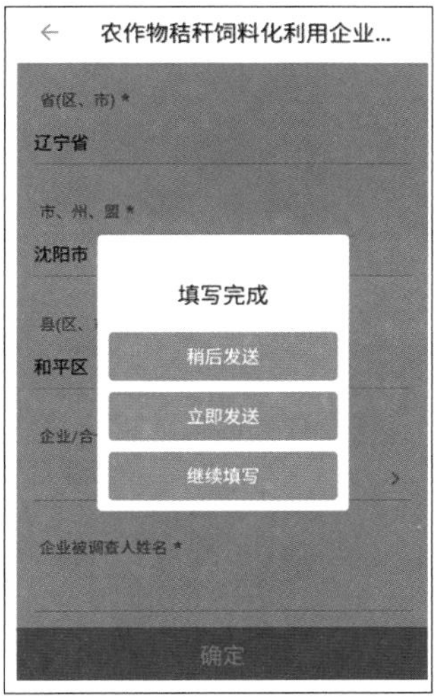

图8-89　农作物秸秆饲料化利用企业和合作社调查表填写完成

(6) 点击“立即发送”按钮，数据将发送到上一级（县级），数据发送成功后将显示在“已发送”功能栏中（图8-90）。

图8-90　农作物秸秆饲料化利用企业和合作社调查表已发送数据

(7) 已提交未审核的数据，可以对该数据进行修改后再次发送，点击“已发送”按钮，点击要修改的数据，修改完成后，点击“确定”按钮，点击“立即发送”数据发送成功（图8-91）。

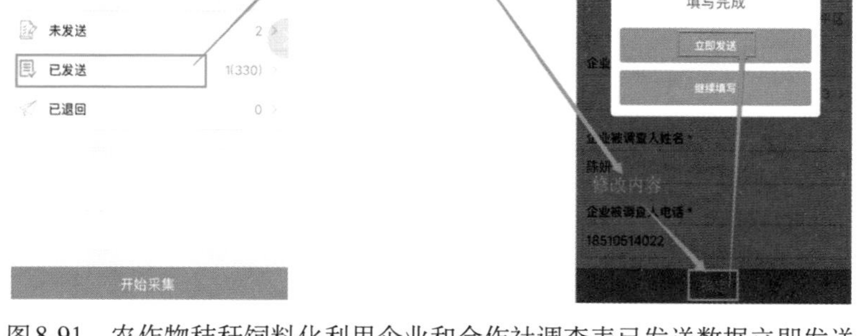

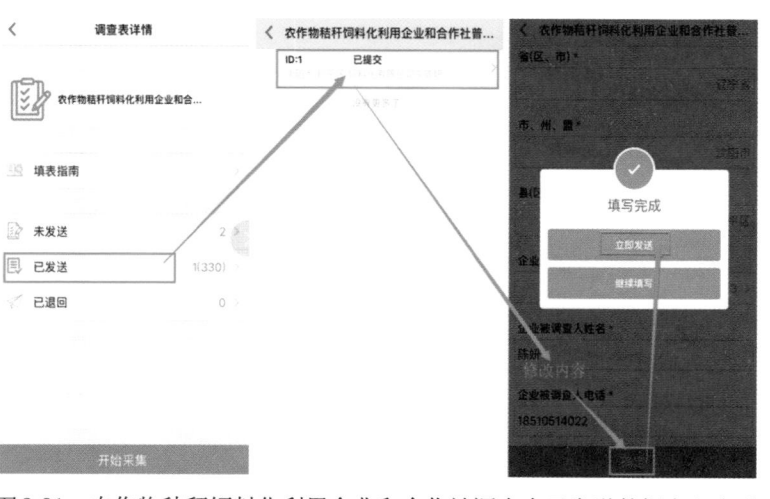

图8-91　农作物秸秆饲料化利用企业和合作社调查表已发送数据立即发送

（8）已提交未审核的数据，可以对该数据进行删除，点击“已发送”按钮，要删除的数据往左侧滑动，点击“Delete”按钮，该数据删除成功（图8-92）。

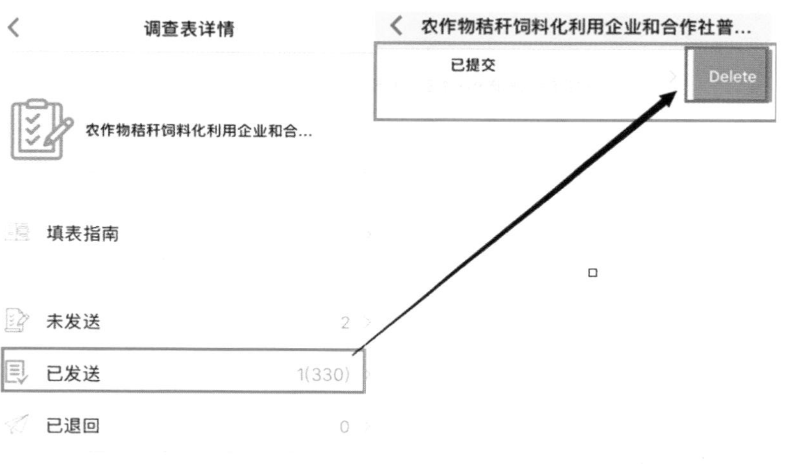

图8-92 农作物秸秆饲料化利用企业和合作社调查表已发送数据删除

（9）已通过审核的数据，可以进行查看，不可修改和删除（图8-93）。

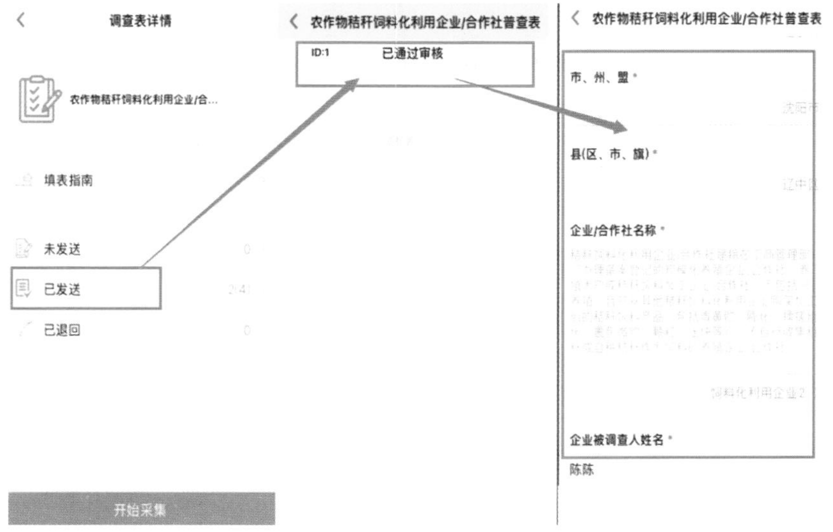

图8-93 农作物秸秆饲料化利用企业和合作社调查表已审核数据

(10) 点击“稍后发送”按钮，数据保存在“未发送”功能栏中（图8-94）。

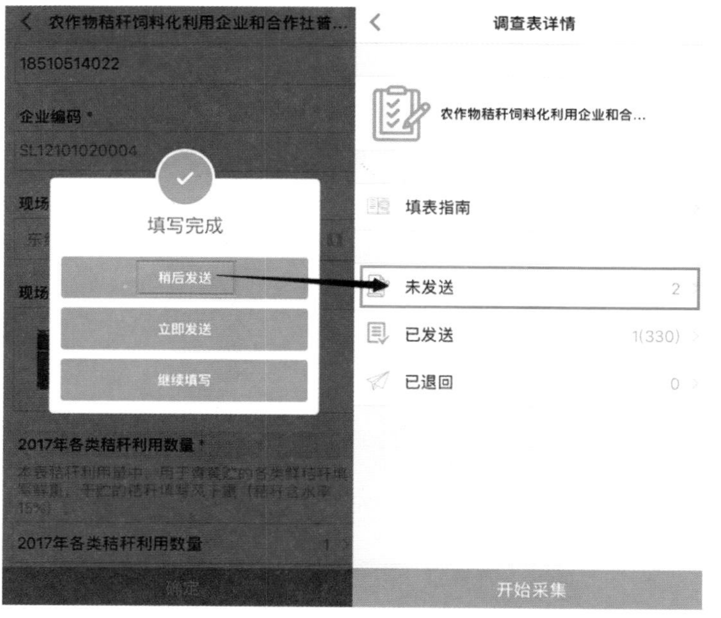

图8-94　农作物秸秆饲料化利用企业和合作社调查表未发送数据

(11) 未发送的数据可以进行提交，点击“未发送”按钮，点击右上角“提交”按钮，该数据提交成功（图8-95）。

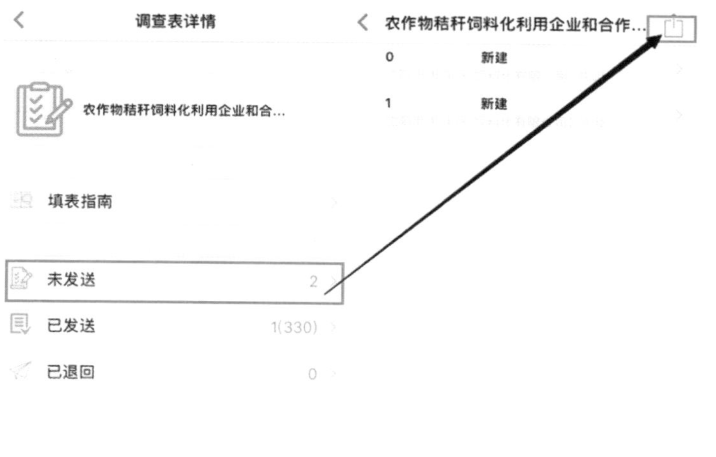

图8-95　农作物秸秆饲料化利用企业和合作社调查表未发送数据提交

（12）未发送的数据可以进行修改后再次发送，点击“未发送”按钮，点击要修改的数据，数据修改完点击“确定”按钮，点击“立即发送”按钮，该数据提交成功（图8-96）。

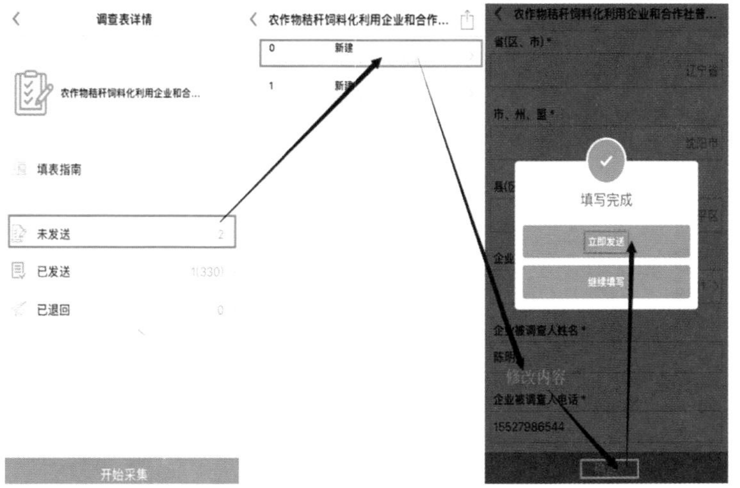

图8-96　农作物秸秆饲料化利用企业和合作社调查表未发送数据立即发送

（13）未发送的数据可以删除，点击“未发送”按钮，要删除的数据往左侧滑动，点击“Delete”按钮，该数据删除成功（图8-97）。

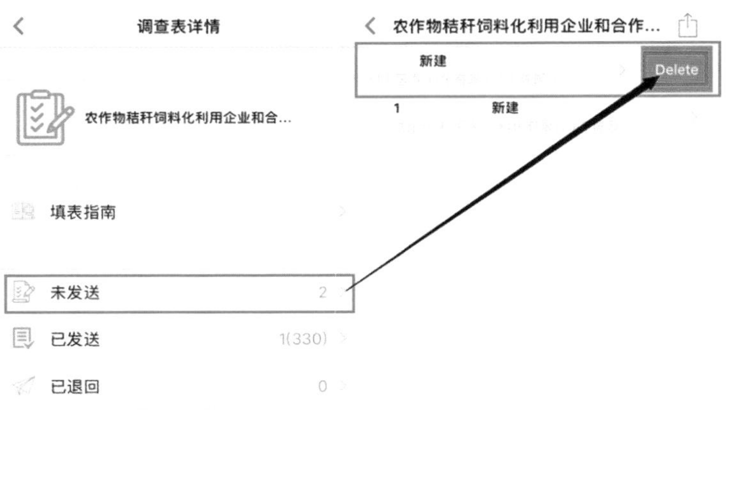

图8-97　农作物秸秆饲料化利用企业和合作社调查表未发送数据删除

（14）点击“已回退”按钮，可以看见审核不通过的数据，该数据不可删除，只能修改后再次发送，点击“已回退”按钮，可以看见回退的数据，点击该数据，可以进行修改，修改完数据点击“确定”按钮，点击“立即发送”按钮，数据发送成功（图8-98）。

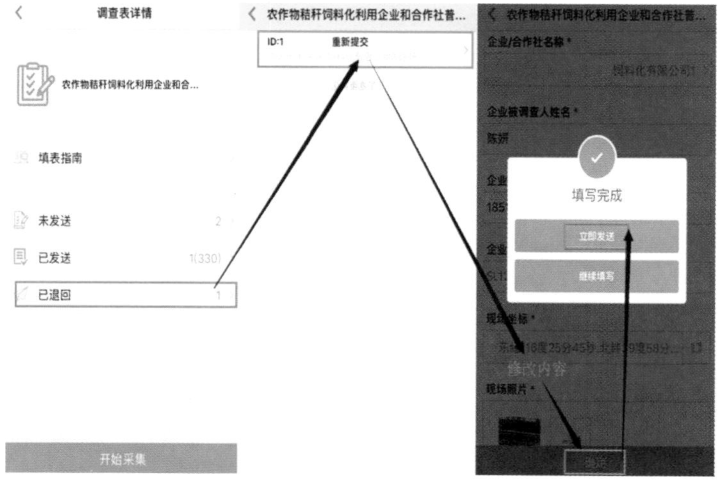

图8-98　农作物秸秆饲料化利用企业和合作社调查表已退回数据立即发送

注：秸秆热解气化和炭化工程普查表、秸秆发电企业普查表、专门从事农作物秸秆收储运的企业和合作社调查表、秸秆固化成型燃料生产企业普查表、秸秆沼气工程普查表、秸秆有机肥生产企业和合作社普查表、秸秆原料化企业和合作社普查表、秸秆基料化利用企业和合作社普查表与农作物秸秆饲料化利用企业和合作社调查表类似，在此省略。

8.5.9　乡镇地膜应用及污染调查表填报

（1）使用“县级地膜抽样调查员”角色登录成功后首先进入“我的”功能，在个人信息里面查看“角色”“区域代码”与实际是否相符，如果角色不相符，需要联系县级审核员进行设置（图8-99）。

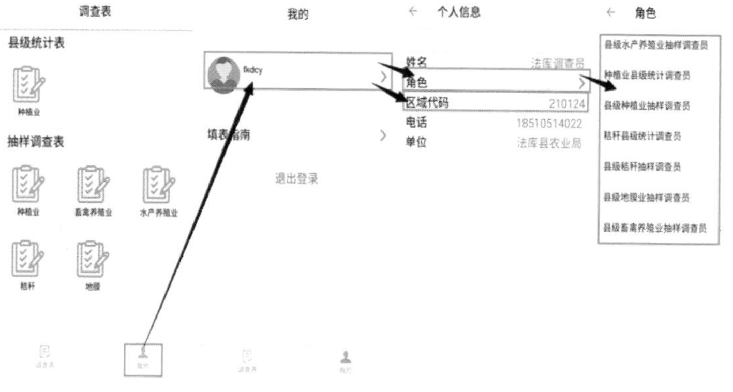

图8-99　县级地膜抽样调查员登录

（2）点击抽样调查表中“地膜”按钮，可以看到“乡镇地膜应用及污染调查表”的任务（图8-100）。

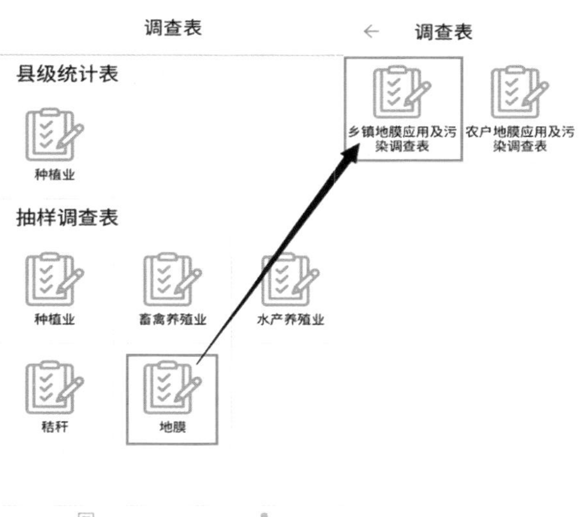

图8-100　乡镇地膜应用及污染调查表任务

（3）点击“开始采集”功能按钮（图8-101）。

（4）填写采集数据信息，必填项不能为空（图8-102）。

（5）点击“确定”按钮进行提交，弹出提示框显示“稍后发送”、“立即发送”与“继续发送”（图8-103）。“稍后发送”指将数据保存至“未发送”功能栏中；“立即发送”指可直接发送至上一级（县级）；“继续填写”指关闭弹出框并继续填写此数据。

图8-101　乡镇地膜应用及污染调查表开始采集

图8-102　乡镇地膜应用及污染调查表填报

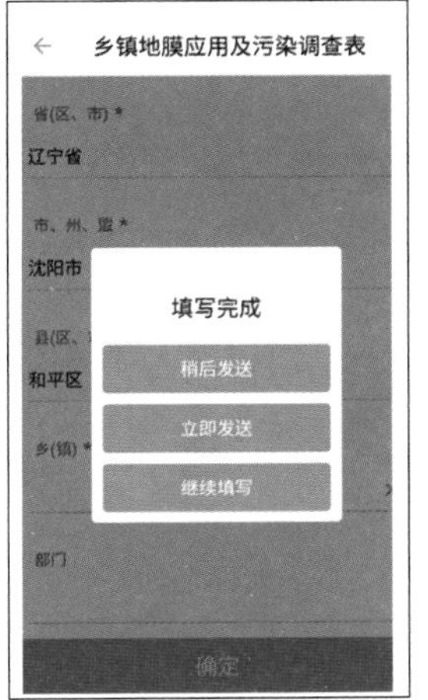

图8-103　乡镇地膜应用及污染调查表填写完成

（6）点击“立即发送”按钮，数据将发送到上一级（县级），数据发送成功后将显示在“已发送”功能栏中（图8-104）。

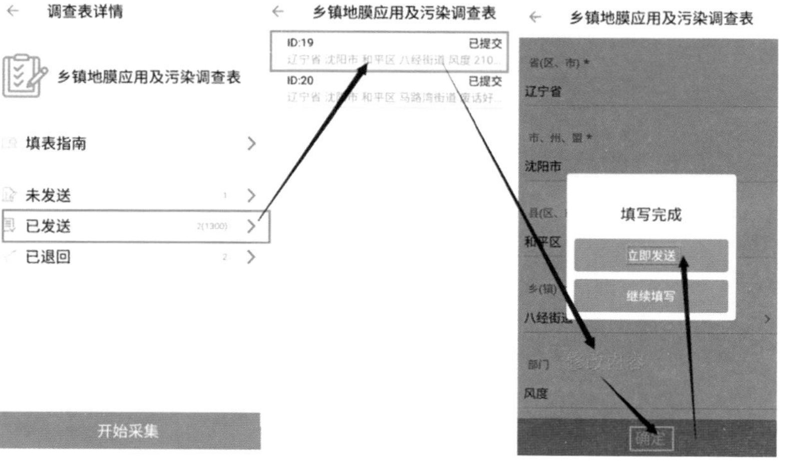

图8-104　乡镇地膜应用及污染调查表已发送数据

（7）已提交未审核的数据，可以对该数据进行修改后再次发送，点击“已发送”按钮，点击要修改的数据，修改完成后点击“确定”按钮，点击“立即发送”按钮，数据发送成功（图8-105）。

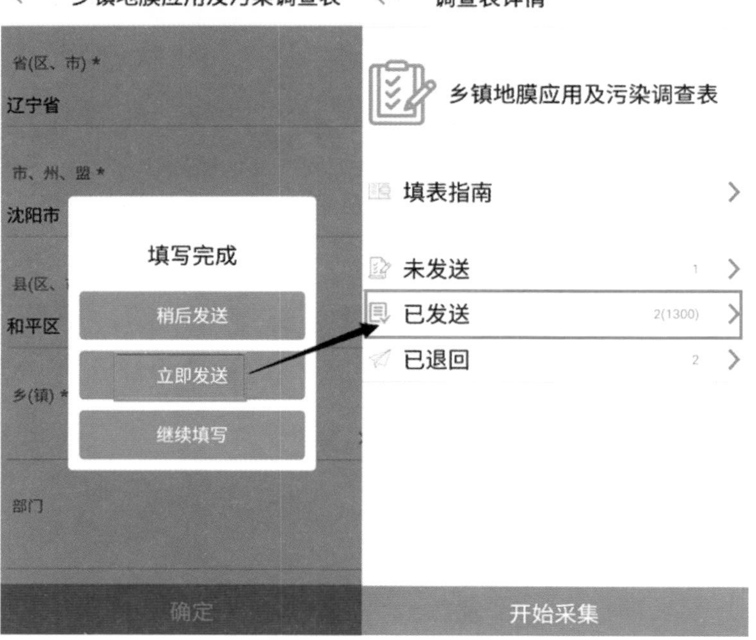

图8-105　乡镇地膜应用及污染调查表已发送数据立即发送

（8）已提交未审核的数据，可以对该数据进行删除，点击“已发送”按钮，点击想要删除的数据，弹出提示框，点击“确定”按钮，该数据删除成功（图8-106）。

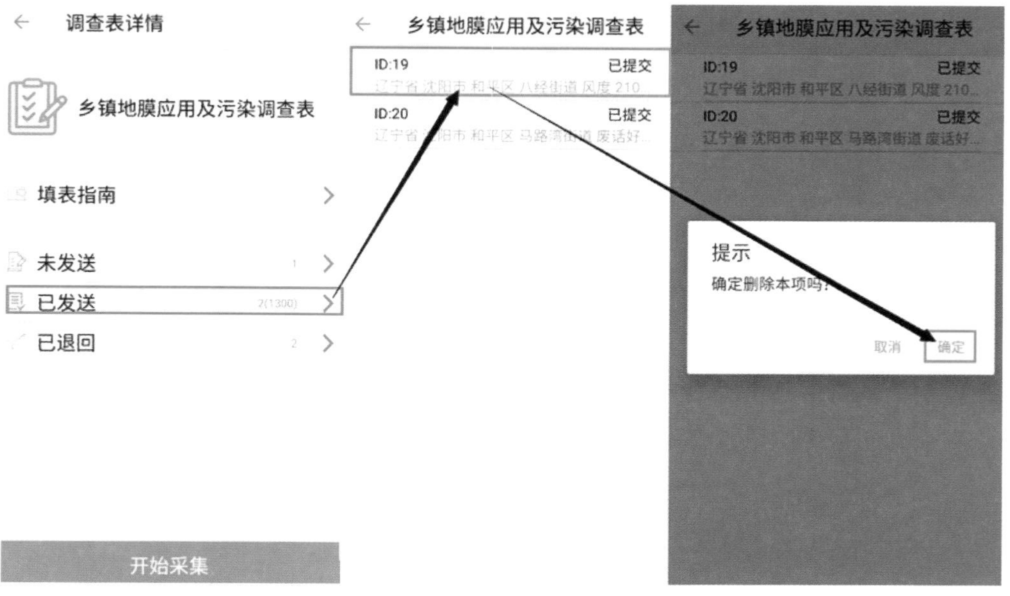

图8-106　乡镇地膜应用及污染调查表已发送删除

（9）已通过审核的数据，可以进行查看，不可修改和删除（图8-107）。

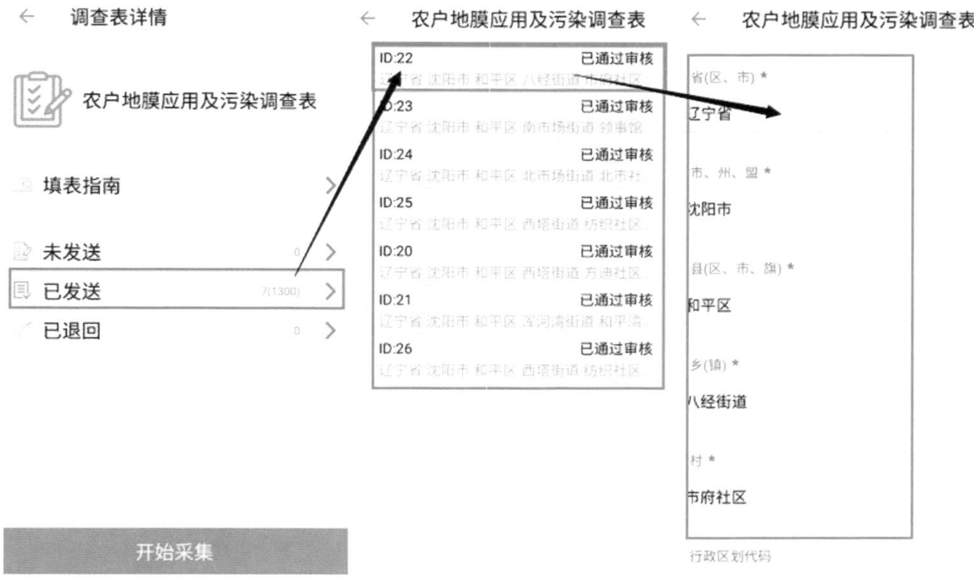

图8-107　乡镇地膜应用及污染调查表已审核数据

（10）点击“稍后发送”按钮，数据保存在“未发送”功能栏中（图8-108）。

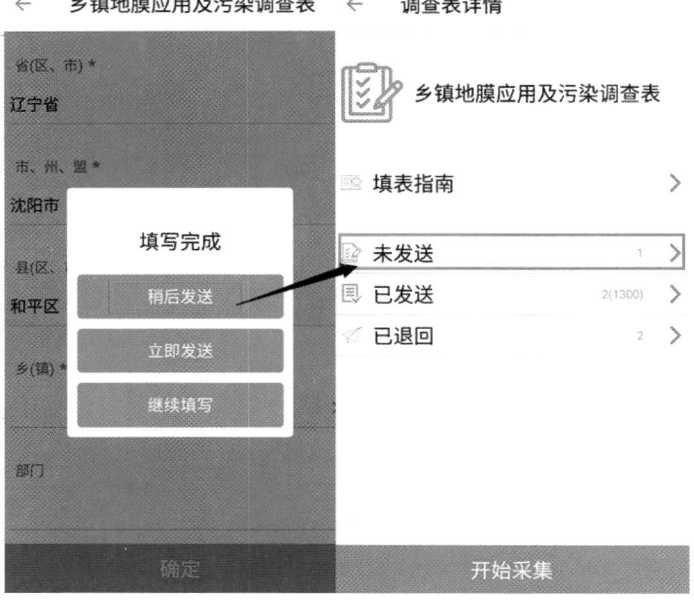

图8-108　乡镇地膜应用及污染调查表未发送数据

（11）未发送的数据可以进行提交，点击“未发送”按钮，点击右上角“提交”按钮，该数据提交成功（图8-109）。

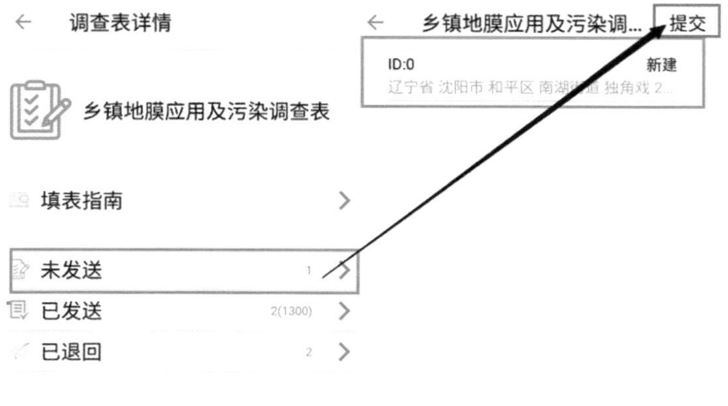

图8-109　乡镇地膜应用及污染调查表未发送数据提交

（12）未发送的数据可以进行修改后再次发送，点击“未发送”按钮，点击要修改的数据，数据修改完点击“确定”按钮，点击“立即发送”按钮，该数据提交成功（图8-110）。

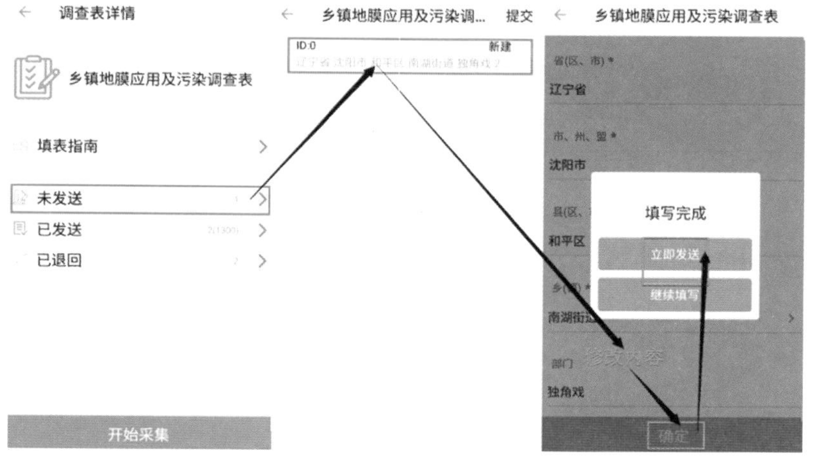

图8-110　乡镇地膜应用及污染调查表未发送数据立即发送

（13）未发送的数据可以删除，点击“未发送”按钮，一直按着想要删除的数据，弹出提示框，点击“确定”按钮（安卓版手机），该数据被删除（图8-111）。

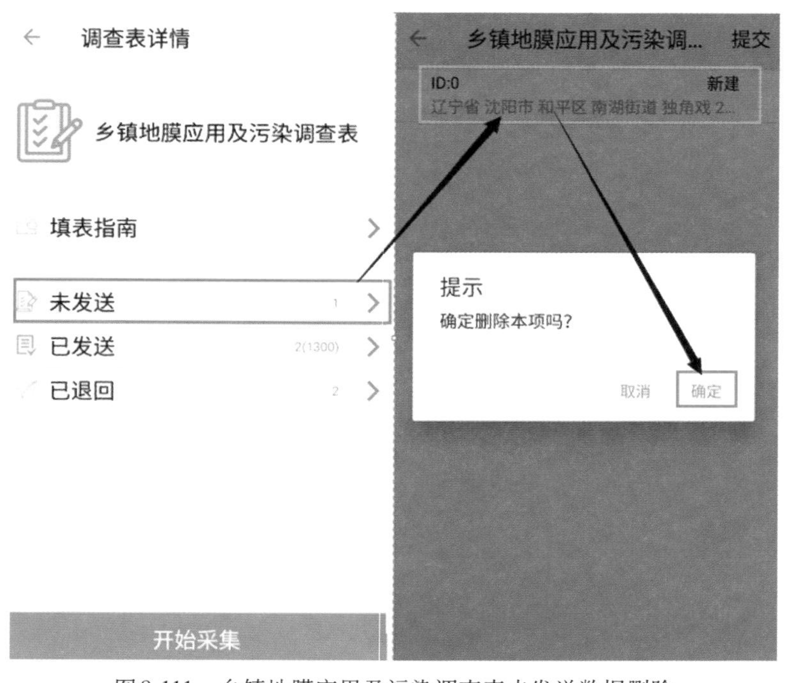

图8-111　乡镇地膜应用及污染调查表未发送数据删除

（14）点击“已回退”按钮，可以看见审核不通过的数据，该数据不可删除，只能修改后再次发送，点击“已回退”按钮，可以看见回退的数据，点击该数据可以进行修改，修改完数据点击“确定”按钮，点击“立即发送”按钮，数据发送成功（图8-112）。

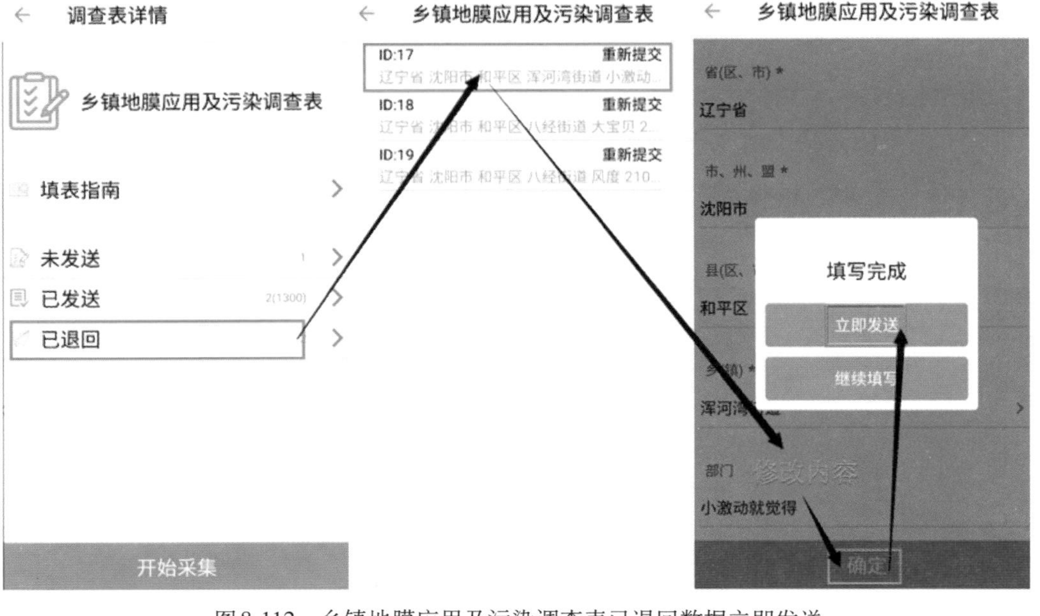

图8-112　乡镇地膜应用及污染调查表已退回数据立即发送

8.5.10　农户地膜应用及污染调查表填报

（1）使用“县级地膜抽样调查员”角色登录成功后首先进入“我的”功能，在个人信息里面查看“角色”“区域代码”与实际是否相符，如果角色不相符，需要联系县级审核员进行设置（图8-113）。

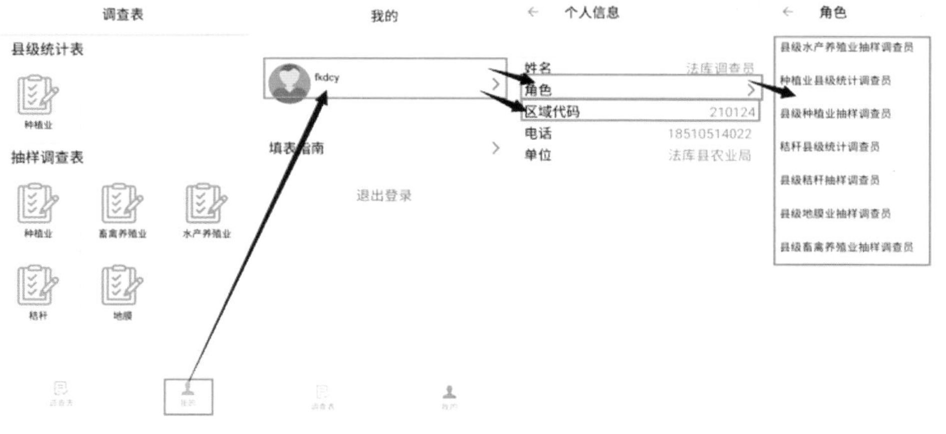

图8-113　县级地膜抽样调查员登录

（2）点击抽样调查表中“地膜”按钮，可以看到“农户地膜应用及污染调查表”的任务（图8-114）。

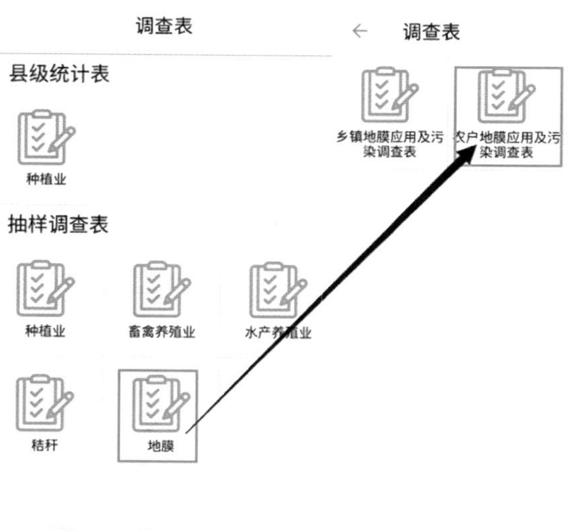

图8-114　农户地膜应用及污染调查表任务

（3）点击“开始采集”功能按钮（图8-115）。

（4）填写采集数据信息，必填项不能为空（图8-116）。

（5）点击“确定”按钮进行提交，弹出提示框显示“稍后发送”、“立即发送”与“继续发送”（图8-117）。“稍后发送”指将数据保存至“未发送”功能栏中；“立即发送”指可直接发送至上一级（县级）；“继续填写”指关闭弹出框并继续填写此数据。

图8-115　农户地膜应用及污染调查表开始采集

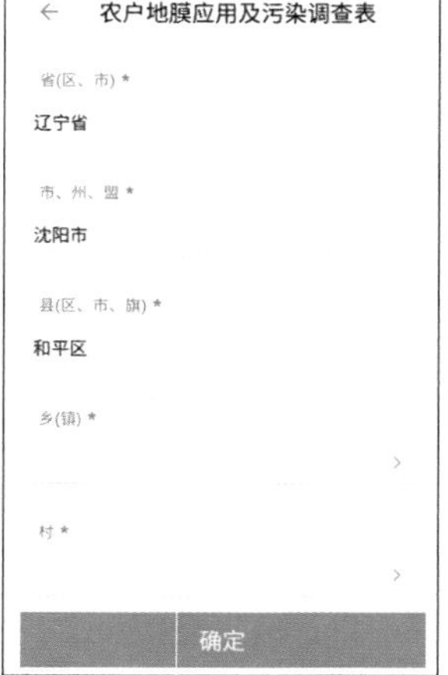

图8-116　农户地膜应用及污染调查表填报

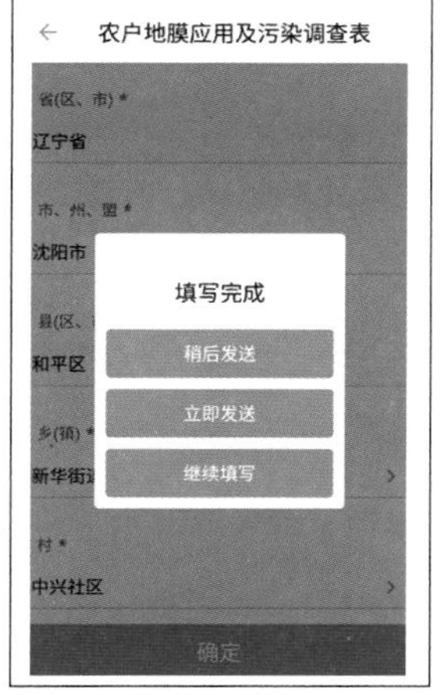

图8-117　农户地膜应用及污染调查表填写完成

(6) 点击“立即发送”按钮，数据将发送到上一级（县级），数据发送成功后将显示在“已发送”功能栏中（图8-118）。

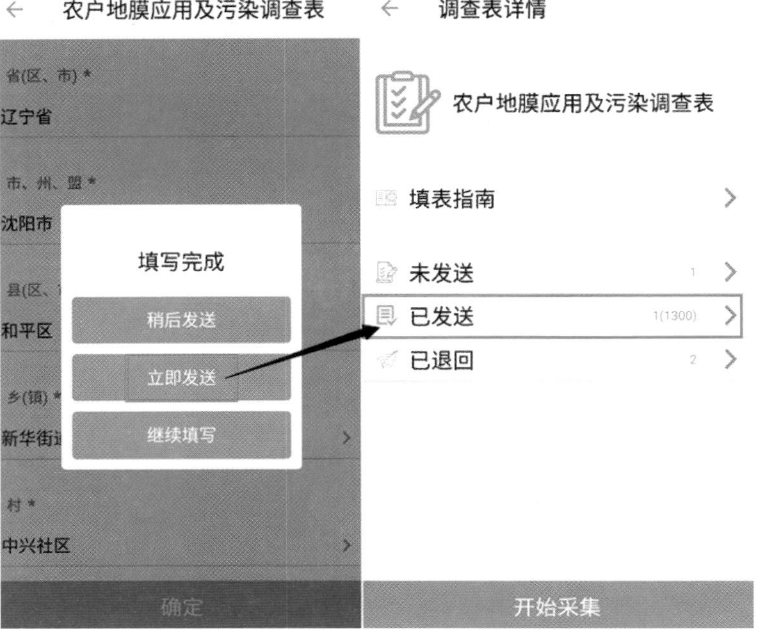

图8-118 农户地膜应用及污染调查表已发送数据

(7) 已提交未审核的数据，可以对该数据进行修改后再次发送，点击“已发送”按钮，点击要修改的数据，修改完成后点击“确定”按钮，点击“立即发送”数据发送成功（图8-119）。

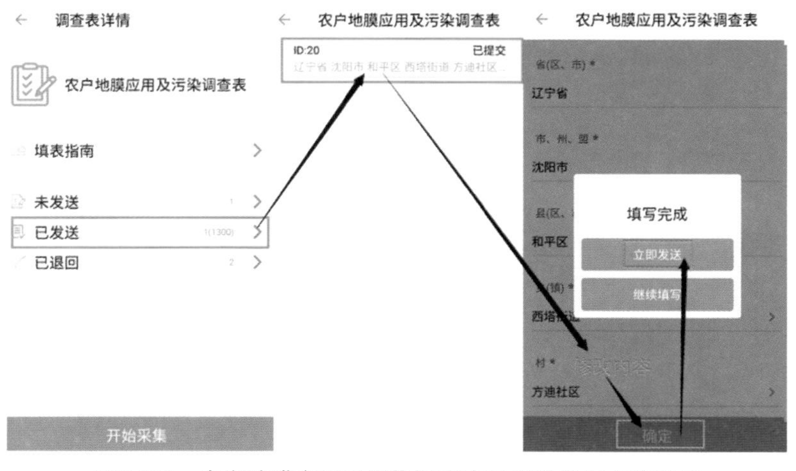

图8-119 农户地膜应用及污染调查表已发送数据立即发送

（8）已提交未审核的数据，可以对该数据进行删除，点击“已发送”按钮，点击想要删除的数据，弹出提示框，点击“确定”按钮，该数据删除成功（图8-120）。

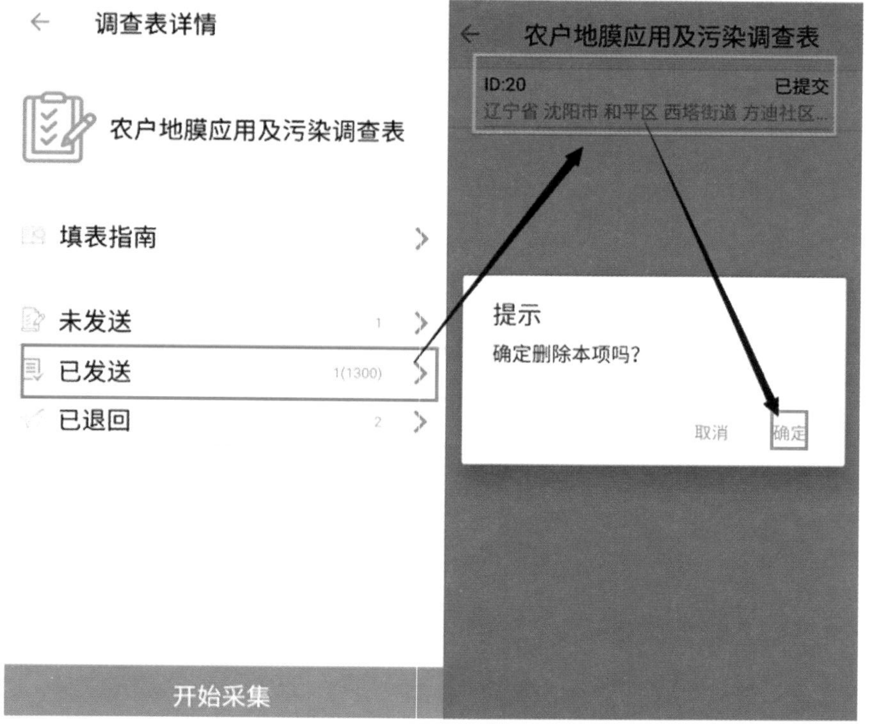

图8-120　农户地膜应用及污染调查表已发送数据删除

（9）已通过审核的数据，可以进行查看，不可修改和删除（图8-121）。

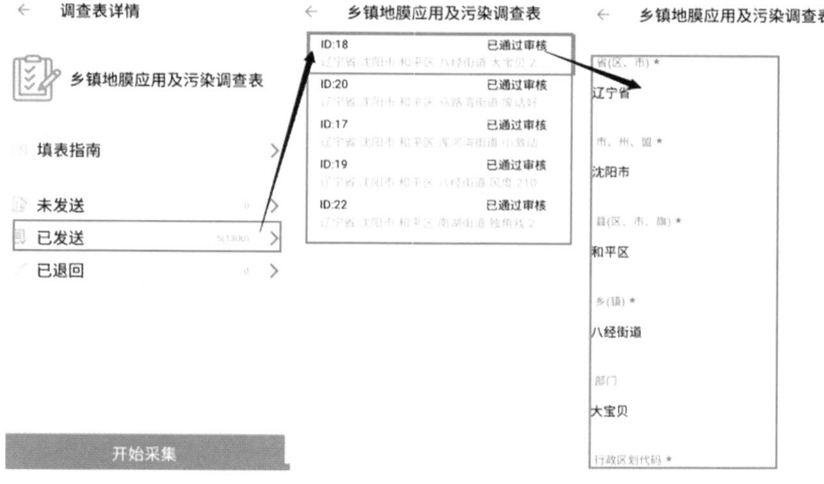

图8-121　农户地膜应用及污染调查表已审核数据

（10）点击“稍后发送”按钮，数据保存在“未发送”功能栏中（图8-122）。

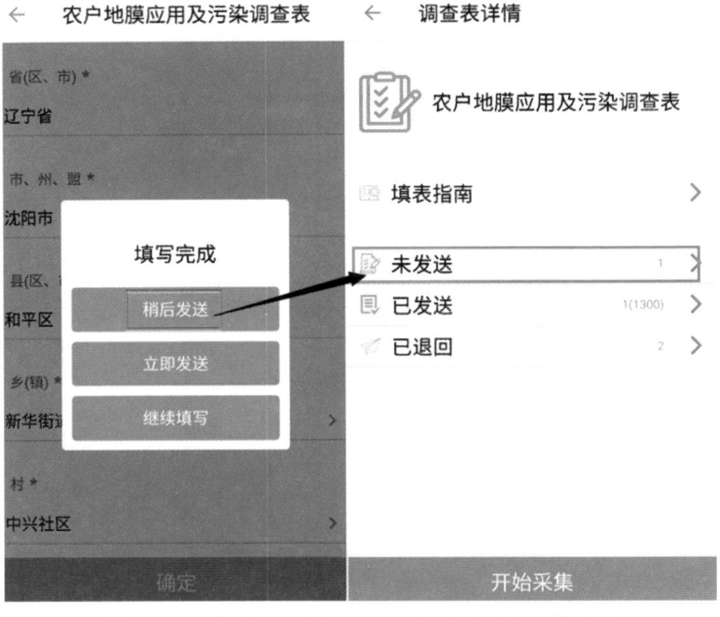

图8-122　农户地膜应用及污染调查表未发送数据

（11）未发送的数据可以进行提交，点击“未发送”按钮，点击右上角“提交”按钮，该数据提交成功（图8-123）。

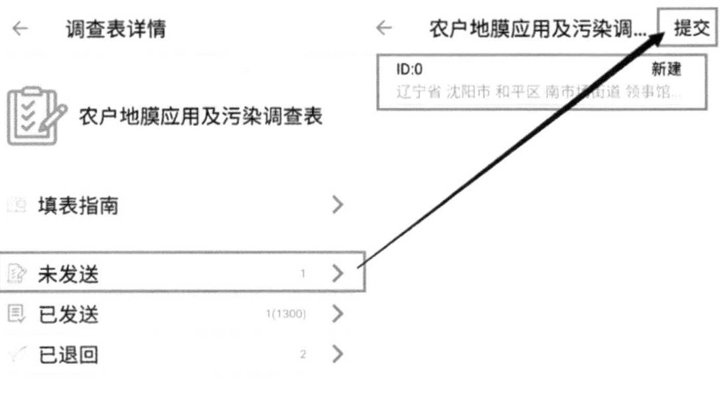

图8-123　农户地膜应用及污染调查表未发送数据提交

（12）未发送的数据可以进行修改后再次发送，点击“未发送”按钮，点击要修改的数据，数据修改完点击“确定”按钮，点击“立即发送”按钮，该数据提交成功（图8-124）。

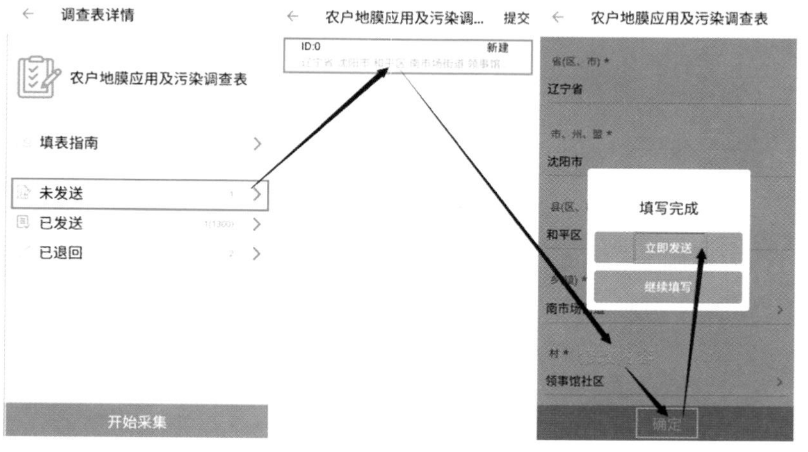

图8-124　农户地膜应用及污染调查表未发送数据立即发送

（13）未发送的数据可以删除，点击“未发送”按钮，一直按着想要删除的数据，弹出提示框，点击“确定”按钮（安卓版手机），该数据被删除（图8-125）。

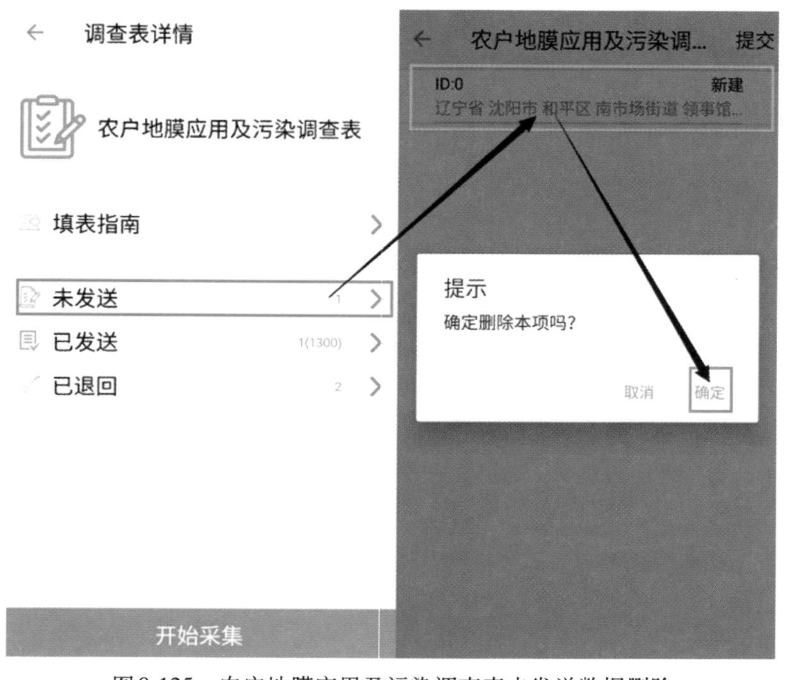

图8-125　农户地膜应用及污染调查表未发送数据删除

（14）点击“已回退”按钮，可以看见审核不通过的数据，该数据不可删除，该数据可以修改后再次发送，点击“已回退”按钮，可以看见回退的数据，点击该数据可以进行修改，修改完数据点击“确定”按钮，点击“立即发送”按钮，数据发送成功（图8-126）。

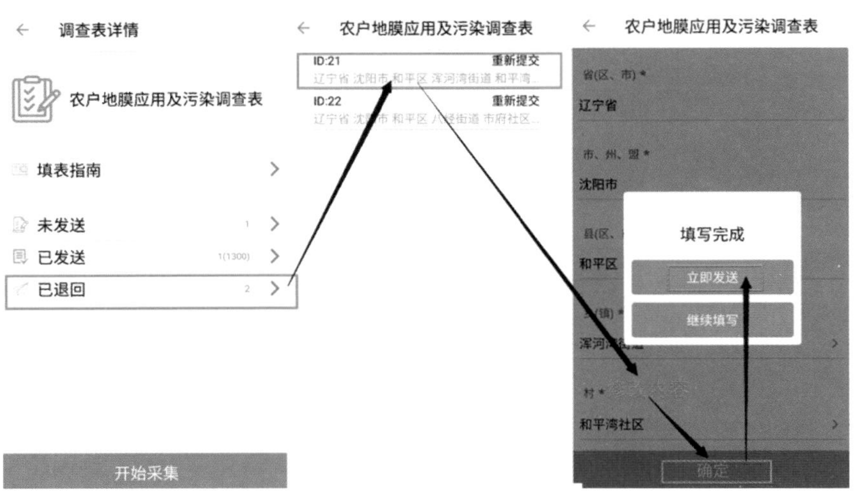

图8-126　农户地膜应用及污染调查表已退回数据立即发送

参考文献 REFERENCES

《“互联网+”在农业污染源普查中的应用与创新》

高复先，2002. 信息资源规划：信息化建设基础工程[M]. 北京：清华大学出版社.

龚剑云，汤建农，陈小磊，等，2017. 工作流引擎平台的设计和实现[J]. 科学家，15:106-107.

郭永辉，2007. 动态表单系统设计与实现[D]. 西安：西北工业大学.

洪之奇，2015. 基于云服务模式下的跨区域综合农业物联网监控系统设计与应用[D]. 杭州：浙江大学.

胡星，武友新，2015. 基于Android的电子表单构件的研究与实现[J]. 计算机工程与设计，36(7): 1953-1958.

潘启澍，姜兵，2000. 基于Petri网的工作流建模技术及应用[J]. 清华大学学报(自然科学版)，40(9):86-89.

萨师煊，王珊，2002. 数据库系统概论[M]. 北京：高等教育出版社.

宋全旺，2011. 基于Xforms标准的可视化智能表单系统原型的研究与设计[D]. 北京：北京邮电大学.

孙鹏，2016. 移动互联网技术的发展现状及未来发展趋势[J]. 通讯世界(1): 1-2.

王方旭，2018. 基于Spring Cloud和Docker的微服务架构设计[J]. 中国信息化(3): 53-55.

吴吉义，平玲娣，潘雪增，等，2009. 云计算：从概念到平台[J]. 电信科学(12): 23-30.

徐亦楠，2014. 基于Activiti5的工作流管理系统设计与实现[D]. 南宁：广西大学.

Goodchild M F, 1992. Geographic Information Science[J]. International Journal of Geographical Information Systems, 6(3):31-35.